托育机构婴幼儿照护操作指导

2—3岁

顾　　问　　何琦环　　陈长水

主　　编　　吕兰秋　　吴美蓉

副 主 编　　曾洁女　　马春玉　　郑吉善　　程　薇

编　　委（按姓氏笔画排序）

王雯杰　　吕　晔　　沈朝霞　　陈　丽　　陈晓绒

邵爱红　　李丽君　　吴桢映　　吴　蓉　　吴霞波

胡苏军　　赵苗青　　董钰萍

指导单位　　宁波市妇幼保健院

宁波市托育综合服务中心

复旦大学出版社

序言
XU YAN

　　儿童健康事关家庭幸福和民族未来,提升儿童健康水平是以人口高质量发展支撑中国式现代化的必由之路。高质量的婴幼儿托育服务是缓解家庭育儿压力、发展儿童友好型社会、促进儿童健康发展的关键举措。我国政府高度重视婴幼儿托育服务发展,近年来做出一系列重要部署。"十四五"规划纲要中将每千人口婴幼儿托位数纳入考核目标。国务院、国家卫生健康委等相关部门出台了《国务院办公厅关于促进3岁以下婴幼儿照护服务发展的指导意见》《托育机构管理规范(试行)》等政策文件,充分体现了党中央对婴幼儿托育服务的高度重视,明确了我国婴幼儿托育服务事业的发展方向。

　　据了解,我国超过三分之二的儿童家庭拥有送托意愿。和小月龄相比,大部分家长更期望孩子在2岁之后送托。然而我国目前托育照护工作仍面临诸多挑战,托育服务并非是学前教育的简单延伸,而是更强调遵循婴幼儿的身心发展规律,医养育相结合,以回应性照护的理念支持幼儿成长,设施设备、环境创设、卫生保健等方面也需贴合托班幼儿年龄特点和发展需求。

　　《托育机构婴幼儿照护操作指导(2～3岁)》一书顺应时代发展趋势,基于社会大众需求,向招收2～3岁幼儿的托育服务机构提供膳食管理、生活照护、发展支持、环境营造、家园社协同、健康监测、信息化服务等方面的实践指导。本书编写工作得到宁波市卫生健康委和教育局的大力支持,编委会专家既涉及医学领域,如三级医院儿童保健专家、托育机构保健医生,也涉及教育领域,如学前教育和早期教育专家、托育机构管理者等。本书起稿之时,正值国家卫生健康委发布《托育机构质量评估标准》(2023年10月),编委会历经数次讨论,在内容细则的考量上依据权威政策文件和行业标准进行修改,力求表述严谨、贴合实际。各章节内容结合工作实践,阐述了2～3岁幼儿各领域的发展要点,编制科学且多样化的营养食谱,细化各环节保育人员的具体分工,创新性地提出"圈圈地板""小小探究""我选我玩""活力时光"等发展支持性活动,打造信息化托育服务体系。

作为长期从事婴幼儿托育服务管理的专业人员,我们深知高质量的托育服务机构、高素养的托育专业人才对于发展国家婴幼儿照护事业的重要意义。我非常荣幸受邀为本书撰写序言。这本书凝聚了专家团队的心血与智慧,既有专业理论引领,又着眼托育机构管理实践,旨在为托育照护人员提供一份科学、翔实、操作性强的指导手册。本书的出版,无疑为广大托育从业人员送上一份操作宝典,定能助力提升我国托育服务质量,推动婴幼儿养育照护事业更上一层楼。相信通过阅读本书,我们能够更加科学、有效地参与到婴幼儿养育照护之中,共同为孩子们的幸福童年和美好未来奠定坚实基础。

徐 韬

国家卫生健康委妇幼健康中心

中国妇幼保健协会托幼机构儿童保健专业委员会主任委员

2024 年 6 月

前言

QIAN YAN

0～3岁婴幼儿正经历大脑发育的黄金时期,是个体早期学习与发展、情感依恋关系形成的关键阶段。这一时期,儿童的大脑发育迅速,具有极强的可塑性,为他们一生的成长奠定了坚实的基础。因此,儿童早期是生命全周期中资本投入产出比最高的时期,儿童早期的发展不仅决定了个体的健康状况与发展,也深刻影响着国家人力资源和社会经济发展。

为0～3岁婴幼儿提供科学、专业的养育照护,不仅有助于他们在生理、心理和社会能力等方面得到全面发展,更为他们未来的健康成长铺设了坚实的道路。托育机构作为婴幼儿照护服务的关键一环,是生命全周期服务管理的重要组成部分。近年来,随着党中央、国务院对婴幼儿照护服务日益重视,一系列政策文件相继出台,如《中共中央 国务院关于优化生育政策促进人口长期均衡发展的决定》《国务院办公厅关于促进3岁以下婴幼儿照护服务发展的指导意见》以及《健康儿童行动提升计划(2021—2025年)》等,均对托育机构的养育照护工作提出了切实要求和殷切期望。

从托育发展现状来看,当前国内入托率低,托育服务质量和专业人才供给尚未能满足社会及市场需求。如何依托国家纲领性文件将托育照护工作落地,如何遵循婴幼儿发展规律合理安排托班一日生活,如何加强托育机构膳食管理、健康管理、信息管理等制度落实,这些都是我们亟须思考的问题。在宁波市卫生健康委和教育局的支持下,本书遵循国家卫生健康委《托育机构保育指导大纲(试行)》《托育机构质量评估标准》等文件,结合托育机构保育照护实际操作及案例进行编写,旨在通过创设适宜环境,提供生活照料、安全看护、平衡膳食和早期学习机会,促进婴幼儿身心全面发展。

《托育机构婴幼儿照护操作指导(2～3岁)》基于婴幼儿发展特点和规律,结合编委多年儿童保健临床经验、婴幼儿养育照护理念和实践,收集大量托育机构活动实例,具有较强的理论性、实践性和可操作性。由于面向2～3岁幼儿招收的托育机构占据目前市场主要部分,因此本书也以该年龄段儿童为主体对象,针对性地阐述其发展要点、膳食营养、生活照护、发展支持、照护环境、健康管理和信息化服务等内容,基本囊括了托育机构婴幼儿照护服务人员一日生活照护工作中所需的内容与要求。

本书共设七个章节,具体内容安排如下:

第一章是2～3岁幼儿发展要点,涵盖体格生长发育规律,以及习惯养成与动作发展、语言发展、认知发展、情感与社会性发展等领域,并根据各领域发展要点提出托育机构的支持策略。

第二章是切合2～3岁幼儿营养需要的膳食管理,制订平衡膳食计划,编制科学营养食谱,建立膳食管理制度,从引导自主进餐、托班食育活动等方面培养幼儿健康饮食习惯。

第三章和第四章是顺应2～3岁幼儿发展特点和规律,参考国家最新托育服务指标所构建的托班照护实操指南,包含情感氛围支持,进餐、睡眠、如厕、盥洗等生活照料,集体活动、小组游戏、自由游戏、户外活动等各种发展支持形式,每个方面均提供托育机构实践操作范例。

第五章从照护环境层面,建构规模适度、功能完善、设备安全、区角合理的室内外托育环境,同时将家园社协同共育纳入宏观养育环境中,医育结合,努力为儿童健康成长及美好童年创造友好环境。

第六章是托育机构相关健康管理制度和措施,包括儿童健康管理、工作人员健康管理、常见疾病预防、意外伤害处置、卫生消毒等事宜,为托班幼儿健康成长保驾护航。

第七章是信息化服务指南,从信息化建设、信息化应用、信息管理三个层面推动托育机构数字化建设,强化托育信息保障,从而提高托育照护服务质量。

本书因叙述流畅性需要,不同场景分别会使用"照护者""保育师""保育人员"来称呼,均指托育机构的保育人员。

本书适用于托育服务机构的管理人员、保育人员和保健医生,以及各级妇幼保健机构和托育人才培养单位的专业人员等。本书在酝酿和编写过程中,得到了宁波市卫健委领导桂忠宝,以及行业专家王惠珊、邵洁等的支持与帮助。团队成员多次讨论、反复论证,力求使内容更科学、更先进、更全面。编委王雯杰对书稿进行了资料整理、筛选,在文字处理、图片甄别等方面做了大量工作,书中还引用了一些资料和图片,在此一并表示感谢!若有不当之处,敬请广大同行和读者批评指正。

吕兰秋

2024年于宁波

目 录

MU LU

第一章　2~3岁幼儿发展要点 ·· 001

　　第一节　体格生长发育规律 ··· 001

　　第二节　习惯养成与动作发展 ······································ 002

　　第三节　语言发展 ··· 005

　　第四节　认知发展 ··· 007

　　第五节　情感与社会性发展 ··· 008

第二章　膳食营养 ·· 011

　　第一节　制订平衡膳食计划 ··· 011

　　第二节　培养幼儿健康饮食习惯 ····································· 018

　　第三节　编制科学营养食谱 ··· 024

　　第四节　建立膳食管理制度 ··· 034

第三章　生活照护 ·· 037

　　第一节　晨检接待的情感氛围 ······································ 037

　　第二节　顺应喂养的进餐照料 ······································ 041

　　第三节　温馨舒适的睡眠照料 ······································ 047

　　第四节　培养自主的如厕照料 ······································ 052

　　第五节　清洁卫生的盥洗照料 ······································ 056

　　第六节　2~3岁幼儿托班生活作息参考 ······························ 060

第四章　发展支持 ·· 065

　　第一节　集体活动：圈圈地板 ·· 065

　　第二节　小组游戏：小小探究 ·· 073

　　第三节　自由游戏：我选我玩 ·· 078

　　第四节　户外活动：活力时光 ·· 083

第五章　照护环境 ·· 089

　　第一节　园区空间环境规划 ·· 089

　　第二节　班级区域环境设置 ·· 096

　　第三节　家园社协同养育支持 ··· 105

第六章　健康管理 ·· 114

　　第一节　儿童健康管理 ··· 114

　　第二节　工作人员健康管理 ·· 118

　　第三节　常见疾病与意外伤害的预防及处置 ································· 119

　　第四节　卫生消毒 ··· 126

　　第五节　其他健康管理制度 ·· 127

第七章　信息化服务指南 ·· 130

　　第一节　信息化建设 ··· 130

　　第二节　信息化应用 ··· 131

　　第三节　信息管理 ··· 135

附录一　婴幼儿照护相关政策文件目录 ··· 137

附录二　2～3岁幼儿体格生长标准 ··· 138

第一章 2~3岁幼儿发展要点

此章节立足 2～3 岁幼儿身心发展规律,从体格与心理发育、感知觉与运动能力发展、语言与认知能力发展、社会及情感能力发展等领域,阐述该年龄段幼儿的发展目标,帮助指导托育机构照护者依据幼儿发展规律,实施科学合理的养育照护,以培养全面发展的儿童。

第一节 体格生长发育规律

一、2~3岁幼儿体格生长标准

在儿童生长发育过程中,受种族、遗传、环境等多因素的影响,可出现不同的生长模式,但总的规律是一致的。认识儿童体格生长规律有助于正确评价儿童生长发育状况。

婴幼儿体格生长具有非等速增加的特点,年龄越小,体重、身长、头围增长越快,且增长速度随年龄增长而逐渐减慢。

0～1 岁是儿童出生后体重、身长增长最快的一年,是人生中的第一个生长高峰,到 1 岁时体重能达到出生时的 3 倍,身长增加约 25 cm;1～2 岁体重、身长增长速度开始减慢,至 2 岁时体重达出生时的 4 倍,身长平均增加 11～12 cm。

2 岁至青春期前体重、身高出现稳速增长,体重年增加值约 2 kg,身高年增加约 5～7 cm。对个体的评价可用针对 0～3 岁婴幼儿标准绘制的生长发育曲线图进行评价。

二、2~3岁幼儿感知觉发育

感知觉指个体对事物属性的反应,有视觉、听觉、嗅觉、味觉、皮肤觉等。这里依据国家卫生健康委办公厅下发的《3岁以下婴幼儿健康养育照护指南(试行)》《儿童保健学》①以及相关地方政策文件,整理24月龄和36月龄幼儿的感知觉发展要点。

(一)视觉发育

24月龄幼儿能区分垂直线与水平线,学会辨别红、白、黄、绿等颜色,视力达到成人的0.5。

36月龄幼儿能说出颜色的名称,认识圆形、方形和三角形,视力达到成人的0.6。

(二)听觉发育

24月龄幼儿能更好地理解指令,会说一些简单句。

36月龄幼儿会一些复合句,能够唱儿歌,叙述简单的事情。

(三)其他感知觉发育

2～3岁幼儿可分辨物体的属性,如软、硬、冷、热,出现初步的空间知觉和时间视觉,知道"现在"和"等一会儿"、"马上"和"很久"等时间概念的区别。

三、2~3岁幼儿牙齿及饮食

(一)牙齿

24月龄幼儿开始长第2颗乳磨牙,乳牙共16颗左右。

36月龄幼儿20颗乳牙全部出齐。

(二)饮食

2～3岁幼儿基本达到自主进餐,自喂狼藉少,宜采用以家常食物为主的平衡膳食模式。

24月龄幼儿可逐步形成三餐两点的饮食规律,养成独立进餐的习惯,懂得吃完饭后再离开餐桌。36月龄幼儿能自主用杯子喝水,用小勺吃饭。

第二节 习惯养成与动作发展

一、2~3岁幼儿习惯养成与动作发展要点

2～3岁幼儿的生活自理能力逐渐增强,能进行一些自我照护的活动,如睡

---

① 这里指由陈荣华、赵正言等主编,江苏凤凰科学技术出版社出版的《儿童保健学》(第5版)。以下同。

眠、如厕、盥洗、穿脱衣服、收拾整理等。发展的动作包括大动作和精细动作。大动作是儿童适应周围环境进行的日常活动、运动和游戏的全身活动能力。精细动作包括幼儿使用手臂、手,以及手指上的小肌肉的能力,与髓鞘化进程密切相关,逐渐形成手眼协调。

这里依据国家卫生健康委办公厅下发的《3岁以下婴幼儿健康养育照护指南(试行)》、《儿童保健学》以及相关地方政策文件,整理24月龄至36月龄幼儿的动作发展要点。

(一)睡眠

2~3岁幼儿应养成独自入睡和作息规律的良好睡眠习惯。白天小睡次数减为1次,白天睡眠时间为2小时左右,能按时小睡、按时醒,醒后情绪稳定。

24月龄幼儿每天睡眠时间为11~14小时,36月龄幼儿每天睡眠时间为11~13小时,自主做好睡眠准备。

(二)如厕

2~3岁幼儿能用语言或动作主动表达排便需求,逐步养成排便规律。

24月龄幼儿能自己坐便盆。36月龄幼儿能主动如厕。

(三)生活与卫生习惯

2~3岁幼儿可以开始学习盥洗、穿脱衣物、收拾整理等生活技能,逐步养成良好的生活卫生习惯。24~36月龄幼儿生活与卫生习惯发展要点详见表1-1。

表1-1 24~36月龄幼儿生活与卫生习惯发展要点

内容	24~30月龄	31~36月龄
盥洗	能在成人帮助下盥洗	能自主盥洗
穿脱衣服	能在成人协助下穿或脱去部分衣服	能穿短袜、鞋或裤
收拾整理	能在成人的帮助下收拾玩具	主动收拾、整理玩具图书
社会规范	会使用简单的礼貌用语	遵从基本社会行为规范

(四)大动作

2~3岁幼儿能较为自如地完成走、跑、跳等动作,在力量、速度、协调性、灵活性及稳定性方面都有较大提升。24~36月龄幼儿大动作发展要点详见表1-2。

表 1-2 24～36 月龄幼儿大动作发展要点

月龄	内　　容
24～30 月龄	能连续跑，比较稳当
	开始做原地跳跃动作，能双脚同时跳起
	能双手举过头顶掷球，会向不同方向抛球
31～36 月龄	能单脚站立片刻，能跨过 15 cm 高或宽的障碍物
	能双脚离地连续向前跳
	能绕障碍物跑
	开始手脚协调地攀爬
	能比较自如地推拉玩具、骑小车等
	能搬运小玩具盒、大积木、小椅子等

(五)精细动作与艺术表现

2～3 岁幼儿能够灵活运用手指，完成简单的手眼协调任务，精细动作发展要点详见表 1-3。

表 1-3 24～36 月龄幼儿精细动作与艺术表现发展要点

月龄	内　　容
24～30 月龄	能用带子或绳子串珠子
	能垒高 5 块左右的积木
	能拿笔进行随意的涂鸦
	能学会成人教的简单动作，并根据音乐的节奏做动作
	能和成人一起哼唱简单的歌曲
	能使用各种颜色的橡皮泥，随意制作物品或动物形状
	能够拿画笔随机画出不规则的点和线条
31～36 月龄	会唱 4～5 首简单的婴幼儿歌曲
	能跟随音乐的旋律和节奏进行律动或跳舞
	能注视涂鸦时笔的运动方向，会在纸上画线条和圆
	能用积木、塑料玩具等拼搭出物品
	能通过捏、团、撕、折等动作制作纸质作品
	能使用泥巴、沙子等材料制作具体物品
	能尝试自发的戏剧性表演和游戏
	享受表现和创造的乐趣

二、托育机构发展支持策略

(一)科学安排托班一日生活

根据2~3岁幼儿生理节律,托育机构应科学合理地安排饮水、进餐、睡眠、盥洗、如厕等生活照护活动,各项内容时间安排相对固定,引导幼儿养成规律作息的良好生活习惯,培养主动如厕、自主进餐、独自入睡、自己穿脱衣物鞋袜等生活自理能力,掌握正确盥洗、饭后漱口、打喷嚏遮口鼻、不乱扔垃圾等卫生行为规范。

(二)为幼儿提供充分的身体活动

2~3岁幼儿每日室内外活动时间应不少于3小时,其中户外活动不少于2小时。寒冷、炎热季节或雨雪、大风、雾霾等特殊天气情况,可酌情调整并制订特殊天气活动方案。托育机构应提供适宜且充足的空间和玩具,开展符合2~3岁幼儿年龄特点的活动,锻炼幼儿大动作和精细动作技能。

第三节　语 言 发 展

一、2~3岁幼儿语言发展要点

2~3岁幼儿语言发展迅速,能够倾听、理解对话,并掌握日常生活中出现的词汇,词汇量不断扩大丰富,使用的句子也更加复杂。他们开始对早期阅读产生浓厚的兴趣,能够回答与故事相关的简单问题。该年龄阶段的幼儿喜欢倾听并模仿有韵律的童谣、歌曲和声音。

这里依据《3岁以下婴幼儿健康养育照护指南(试行)》《儿童保健学》以及相关地方政策文件,整理24～36月龄幼儿的语言发展要点。

(一)24～30月龄

24～30月龄幼儿词汇量突飞猛进,会运用语言进行简单回应。该阶段幼儿语言发展要点详见表1－4。

表1－4　24～30月龄幼儿语言发展要点

维度	内　容
理解用语	能理解生活中常用的名词、动词、形容词,如"电视机、遥控器、打开、关上、好看、开心"等

续　表

维度	内　　容
词汇表达	能说出较多的名词、动词、形容词、介词、代词等
	常用"不""不要"等否定句来反抗成人的要求，如妈妈说"睡觉"，孩子说"不睡觉"
回应接话	出现"接尾"现象，会接着成人的一句话说出最后一个字，如成人说"白日依山……"，孩子会接着说"尽"
	会使用"双词句"提出或回答生活中的简单问题
阅读习惯	了解一本书的结构，能从封面开始阅读，逐页翻看

（二）31～36 月龄

31～36 月龄幼儿能表达的言语词汇更加复杂和完整，而且喜欢模仿和提问。该阶段幼儿语言发展要点详见表 1-5。

表 1-5　31～36 月龄幼儿语言发展要点

维度	内　　容
理解回应	理解简单的故事情节，喜欢模仿故事里的人物语言
	能正确理解并回答成人提出的问题
喜欢提问	经常提出问题，使用较多的疑问句
需求表达	能用简单句表达自己的想法和要求
词汇用语	能说出一些较为完整、复杂的句子，如含有"……和……"、"不是……是……"等的复合句
	会用"你好、谢谢、再见"等礼貌用语交往
阅读习惯	能安静、专注地倾听故事和阅读图画书
	喜欢反复听同一个故事或歌曲

二、托育机构发展支持策略

（一）创设温暖的情感氛围，与幼儿积极交流互动

托育机构的照护者可以运用语言、肢体动作、面部表情等积极与幼儿交流，恰当地回应幼儿主动发起的语言或非语言交流，交流过程中注重倾听幼儿、观察幼儿和及时回应幼儿。

（二）与幼儿共读绘本、共念儿歌

托育机构的照护者可以每日与幼儿一起阅读绘本，培养幼儿阅读兴趣，养成

良好的阅读习惯;一起共念儿歌或手指谣,可将托班生活场景改编成儿歌,如洗手歌、漱口歌等,用游戏化的方式潜移默化地引导幼儿建立良好的生活卫生习惯。

第四节 认 知 发 展

一、2~3岁幼儿认知发展要点

2~3岁幼儿逐渐具备思考问题、解决问题的认知过程。他们开始建构事物的因果关系,试图理解一些简单的问题并讨论事情发生的缘由。该年龄段的幼儿具有较强的模仿能力,喜欢早期的角色扮演游戏,会通过角色扮演模仿他人行为和日常场景。他们能够理解客体永久性的定律,即熟悉的物体或人同自己分离后,仍然存在。

这里依据《3岁以下婴幼儿健康养育照护指南(试行)》《儿童保健学》以及相关地方政策文件,整理24~36月龄幼儿的认知发展要点。

(一)24~30月龄

24~30月龄幼儿理解能力及专注能力均有所提高,可以完成简单的任务指令。该阶段幼儿认知发展要点详见表1-6。

表1-6 24~30月龄幼儿认知发展要点

维度	内　容
专注能力	能安静地听成人讲一个简短的故事或自己看书
记忆理解	能记住生活中熟悉的物品放置的位置
	能理解"上""下"等空间方位
数的概念	对圆形等对称的图形感兴趣
	会比较两个物体的大小
颜色认知	能认识并分辨一种颜色
认知任务	能执行两个及以上的指令,如把球扔出去,然后跑去追

(二)31~36月龄

31~36月龄幼儿在数的概念、颜色认知、生活常识等方面均有显著发展,热衷玩假装游戏。该阶段幼儿认知发展要点详见表1-7。

表1-7　31～36月龄幼儿认知发展要点

维度	内　容
假想象征	假装游戏时可以把一个物体象征为另一个物体，如在游戏中把一根细长棍想象成牙刷
生活常识	知道三种以上常用物品的名称和用途
专注能力	能长时间集中注意力做自己感兴趣的事情
数的概念	能用积木垒高或连接成简单的物体形状（如桥、火车）
	能区分圆形、方形和三角形
	能口头数数 1—10
	会手口一致点数 3 以内的实物
	能比较或区分"大、小""多、少""前、后""里、外"等
颜色认知	能正确表达并指认多种颜色
认知任务	能回答并执行较复杂的认知任务，如在图板上将动物和它们喜欢吃的东西连线，或简单预测故事情节的发展

二、托育机构发展支持策略

（一）提供充足适宜的玩具材料，让幼儿自由玩耍

2～3岁幼儿每天应有充分的自由游戏时间，可以根据自己的兴趣探索各类玩具材料。托育机构游戏区角里玩具材料放置高度需适宜，便于幼儿自主取用、收拾归类。建议多投放一些低结构材料、常见的生活用品以及自然材料，为他们进行假装游戏提供道具，激发他们的想象力和创造力，实现游戏经验的迁移。

（二）提供丰富多元的感官材料，供幼儿自主探究

照护者在环境中可以投放各种各样的感官材料，刺激幼儿视觉、听觉、触觉、嗅觉等感知觉，吸引幼儿探究兴趣，鼓励幼儿以自主的方式进行主动操作、观察、玩乐和探索。

第五节　情感与社会性发展

一、2~3岁幼儿情感与社会性发展要点

2～3岁幼儿开始发展初步的社会交往能力，较之婴儿期主要是亲子依恋关

系,2～3 岁幼儿逐渐产生同伴交往的需求,会观察、模仿其他幼儿,有时喜欢和熟悉的同龄人一起玩耍,但仍以平行游戏为主,能在成人的引导和支持下解决同伴之间的冲突。在与成人交往互动中,幼儿会使用手势、眼神和语言与依恋对象互动,在遇到困难时会向成人寻求安慰和帮助,能理解并遵守简单的社会规则,也能接受和依恋对象短暂分离(如容易地与母亲分开)。

这里依据《3 岁以下婴幼儿健康养育照护指南(试行)》《儿童保健学》以及相关地方政策文件,整理 24～36 月龄幼儿情感与社会性发展要点。

（一）24～30 月龄

24～30 月龄幼儿自我意识萌芽,也逐步产生同伴交往的需求和能力。该阶段幼儿情感与社会性发展要点详见表 1-8。

表 1-8　24～30 月龄幼儿情感与社会性发展要点

维度	内　　容
情绪识别	能识别主要看护人的情绪
分离焦虑	与父母分离时会焦虑
情绪调节	情绪变化趋于稳定,能初步调节自己的情绪
社会交往	在有提示的情况下,会说"请"和"谢谢"等礼貌用语
	开始和其他小朋友一起游戏,并表示友好,出现自发的亲社会行为(如助人、安慰等)
角色扮演	会通过想象或角色模仿,在游戏中表现成人的社会生活,如当医生给娃娃看病或做开车的动作等
自我意识	自我意识逐步增强,会保护属于自己的东西,不愿把东西给别人,喜欢说"这是我的""不给"
	开始知道自己的姓名和性别,会表达自己的需要

（二）31～36 月龄

31～36 月龄幼儿性别意识逐渐增强,能够较好地感知和调节自己的情绪,并能和同伴友好游戏。该阶段幼儿情感与社会性发展要点详见表 1-9。

表 1-9　31～36 月龄幼儿情感与社会性发展要点

维度	内　　容
情绪调节	能较好地调节自己的情绪,发脾气的时间减少,会用"快乐""生气"等词来谈论自己和他人的情感
	会对成功表现出高兴,对失败表现出沮丧

续　表

维度	内　　容
性别意识	能准确说出自己的性别,也能区分图片中人物的性别
	开始玩属于自己性别的玩具或参与属于自己性别的群体活动
自我意识	能区分自己和他人的物品,知道未经允许不能动别人的东西
	开始用他人的评价来评价自己
社会交往	能和同龄小伙伴分享玩具,能和成人或同龄小伙伴友好游戏,可以遵守游戏规则,知道等待、轮流,但不够耐心

二、托育机构发展支持策略

(一)鼓励幼儿完成力所能及的小任务

照护者应支持2～3岁幼儿能做的事情自己做,如自主进餐、穿脱简单衣物、自主如厕、为同伴分餐和摆放餐具、整理玩具、与照护者一同打扫卫生等,在培养幼儿生活自理能力的同时,也促进其提升自豪感和自我胜任感。

(二)以正向激励的方式,增强幼儿自信心和自主性

照护者需观察幼儿的发展情况,了解每位幼儿的性格特点,一旦获得进步,照护者应及时给予具体的肯定和激励,所用语言需符合2～3岁幼儿年龄特点,如"你今天很开心地入园了,比之前有进步呢""你能试着自己把裤子穿上去,特别能干""谢谢你帮忙送玩具宝宝回家,你真棒"。

第二章 膳食营养

2～3岁幼儿仍处于快速生长发育时期,这个阶段需要充足的营养和能量,以支持幼儿大脑快速发育、体格生长和机体功能成熟,满足他们日常高活跃水平的活动需要,提高免疫系统的抵抗力。该阶段幼儿所摄入的食物种类和膳食模式与成人相近,但食材选择、烹调方式等膳食制备应当符合幼儿生理和营养特点。

基于儿童生理和营养特点及饮食习惯培养规律,结合我国学龄前儿童膳食营养现状和饮食行为问题,中国营养学会出版的《中国学龄前儿童膳食指南(2022)》在一般人群膳食指南基础上,对2周岁以后的学龄前儿童提出了5条核心推荐:

- 食物多样,规律就餐,自主进食,培养健康饮食行为;
- 每天饮奶,足量饮水,合理选择零食;
- 合理烹调,少调料、少油炸;
- 参与食物选择与制作,增进对食物的认知和喜爱;
- 经常户外活动,定期体格测量,保障健康成长。

第一节 制订平衡膳食计划

《中国居民膳食指南(2022)》指出,2岁以上健康幼儿宜采用以家常食物为主的平衡膳食模式,即根据营养科学和幼儿膳食营养素参考摄入量,结合幼儿健康状况、本土地域资源、生活习惯、信仰等实际情况,科学研制的平衡膳食模式。食物种类按比例进行合理搭配,能较好地满足24～36月龄幼儿营养和健康需求。托育机构可以通过提供均衡的膳食,遵循食物丰富、规律就餐的原则,培养幼儿对多种食材的喜好,减少对高糖、高盐、高脂肪食物的依赖,从而为幼儿终身健康饮食习惯奠定良好基础。

一、保证营养均衡、食物多样

2～3岁幼儿的均衡营养应由多种食物组成的平衡膳食提供。食物多样是实现膳食平衡的基础，合理搭配是平衡膳食的保障。只有经过合理搭配的、由多种食物组成的膳食，才能满足2～3岁幼儿快速生长发育时期对能量和各种营养素的需要。因此，在制订平衡膳食计划的时候，托育机构需要先了解2～3岁幼儿所需要的营养素摄入量及各类食物合理搭配等基础知识，保证膳食营养平衡。

（一）膳食营养平衡

这里根据2～3岁幼儿生长发育需求，以《中国居民膳食指南（2022）》和《中国居民膳食营养素参考摄入量（2023版）》为指导，依据《3岁以下婴幼儿健康养育照护指南》要求制订膳食计划，旨在为2～3岁幼儿提供合理的营养膳食，保证膳食营养平衡。

以下是2～3岁幼儿每日平均膳食营养素参考摄入量的一组参考值（见表2-1），其中包括四项内容：膳食能量需要量（EER）、宏量营养素可接受范围（AMDR）、蛋白质平均需要量（EAR）、蛋白质推荐摄入量（RNI）。

表2-1　2～3岁幼儿每日营养素参考摄入量

人群		2 岁	3 岁
EER /(kcal·d)	男	1 100	1 250
	女	1 000	1 150
AMDR	总碳水化合物/%E	50～65	50～65
	添加糖 /%E	—	—
	总脂肪 /%E	35	35
	饱和脂肪酸 U-AMDR/%E	—	—
EAR /(g·d)	男	20	25
	女	20	25
RNI /(g·d)	男	25	30
	女	25	30

注：①未制定参考值者用"—"表示；②%E为占能量的百分比；③EER：能量需要量；④AMDR：可接受的宏量营养素范围；⑤EAR：平均需要量；⑥RNI：推荐摄入量。

来源：《中国居民膳食营养素参考摄入量（2023版）》相关表格

(二) 食物多样、合理搭配

食物多样化是保障 2～3 岁幼儿建立平衡膳食模式的重要基础。按照"中国居民平衡膳食宝塔(2022)",托班食物选择应当包含以下五类。

1. 谷类、薯类及杂豆类食物

以谷类食物为主是平衡膳食模式的重要特征。2～3 岁幼儿胃肠道功能和咀嚼能力已较为成熟,完成从婴儿时期以乳类为主食向幼儿时期以谷类为主的过渡。谷类、薯类和杂豆类食物富含碳水化合物,是人体最基础、最经济的能量来源,也是 B 族维生素、矿物质、膳食纤维和蛋白质的重要食物来源,对促进幼儿生长发育、维持人体健康具有重要意义。

谷类包括由小麦、稻米、玉米、高粱等制作而成的米饭、馒头、面条、面包、饼干等。薯类包括马铃薯、红薯等,可以替代部分主食。杂豆包括大豆以外的其他干豆类,如绿豆、红小豆、芸豆等。2～3 岁幼儿应保证全谷物的摄入量,以获得更多营养素和膳食纤维,除米面类外,可适当增添小米、玉米、绿豆、红豆、燕麦、薯类等粗粮的比例。年糕、糯米团、麻球、汤圆等糯米制品不容易消化,过量进食可能会造成胃肠道负担,从而导致积食,故不建议幼儿食用。

膳食指南建议 2～3 岁幼儿每天摄入 75～125 克谷类和适量薯类。

2. 蔬菜、菌藻及水果类食物

蔬菜水果是膳食纤维、微量营养素和植物化学物的良好来源,膳食指南鼓励多加摄入。蔬菜包括嫩茎叶、花菜类、根菜类、鲜豆类、鲜果瓜菜类、葱蒜类、菌藻类及水生蔬菜类等。水果种类丰富多样,包含仁果、浆果、核果、柑橘类、瓜果及热带水果等。

托育机构应尽可能提供深色蔬菜和新鲜水果。深色蔬菜包括深绿色、深黄色、紫色、红色等各种颜色的各类蔬菜,一般富含维生素、植物化学物和膳食纤维,涵盖不同的营养素,推荐占全天蔬菜摄入总量的一半以上。注意避开幼儿过敏的水果和反季节蔬果,尽量采购新鲜的时令蔬菜水果。

膳食指南建议 2～3 岁幼儿每天分别摄入 100～200 克蔬菜和水果。

3. 鱼、蛋、畜肉及禽肉类食物

鱼、禽、肉、蛋等动物性食物是优质蛋白、脂肪和脂溶性维生素的良好来源。常见的水产品包括鱼、虾、蟹和贝类,富含优质蛋白质、不饱和脂肪酸、维生素和矿物质,有条件的托育机构可以优先选择。托育机构应尽可能少提供腌制肉类,如火腿、香肠、咸肉、熏肉等,一方面成品肉食的加工过程会导致营养元素流

失,另一方面过量的亚硝酸盐摄入对人体健康有害。禽肉尽量少提供鸭脖、翅尖等淋巴部位。

蛋类分为鸡蛋、鸭蛋、鹅蛋、鹌鹑蛋、鸽子蛋等,鼓励幼儿全蛋食用,蛋黄含有丰富的营养成分,不能只吃蛋白不吃蛋黄。不同蛋类的营养比例有所不同,如鸡蛋蛋白质比例较高,鸭蛋脂肪含量较多,建议根据季节特征、人体需求交替提供。比如天气炎热时,可以提供偏凉性的鸭蛋。不建议托育机构提供皮蛋、咸鸭蛋等再加工蛋制品。咸鸭蛋属于腌制食品,其中的亚硝酸盐不利于幼儿健康成长;皮蛋在制作过程中可能会产生铅等重金属元素。

膳食指南建议 2~3 岁幼儿每天摄入 50~75 克畜禽肉鱼类和 50 克蛋类。

4. 奶、大豆及坚果类食物

奶类是优质蛋白质和钙的最佳食物来源,充足的奶制品摄入有助于幼儿骨骼生长和维护长期骨健康。托班应鼓励幼儿每天饮奶,建议幼儿在托奶制品饮用量为 100~200 毫升,推荐选择液态奶、酸奶、奶酪等无添加糖的奶制品,限制乳饮料、奶油摄入。鲜奶储存温度一般在 2~6℃,温度过高容易导致牛奶变质。因此对于鲜奶配送路途较远、储存条件不达标的托育机构,鲜奶供应可以用全脂高钙的纯牛奶或奶粉代替。

大豆类食物可以提供优质蛋白,其质量接近肉类且价格低,可以作为肉类食物的替代品,因此建议常吃大豆及其制品。大豆包括黄豆、黑豆、青豆,常见制品如豆腐、豆浆、豆腐干、腐竹等。尽量少选用油豆腐,一方面不容易把控制作时使用油的质量,另一方面油豆腐比较吸油、出餐时温度较高,幼儿可能因为心急食用而发生烫伤意外。

坚果类,如花生、核桃、杏仁属于高能量食物,富含不饱和脂肪酸、维生素 E 等营养素,适量摄入有益幼儿健康。但由于坚果呈大颗粒状、不易咀嚼,小月龄幼儿食用时可能因为呛咳、说笑等滑入呼吸道,引发严重安全事故,因此照护者需要根据班级幼儿的咀嚼能力、发育情况及进餐行为,予以酌情适宜提供。托班最好将坚果切碎食用,幼儿食用时应有成人在一旁关注和照顾,避免发生危险。

膳食指南建议 2~3 岁幼儿每天摄入 350~500 克奶类、5~15 克适当加工的大豆。

5. 油、盐类

健康油脂属于能量性食物,为幼儿机体补充能量。按照膳食营养素参考摄入量(DRIs)的建议,2~3 岁幼儿膳食脂肪供能比占膳食总能量 35%。托班膳食应注意烹调油的多样化,经常更换植物油和动物油的种类,以满足幼儿生长发育对各种脂肪酸的需要。

2～3岁幼儿膳食应尽量选择健康油脂、无添加剂制品、对人体健康有益的食物,注意避免高糖、高油和高脂肪的摄取以及腌制、油炸、不新鲜食物的食用。过多的糖分摄入会引发肥胖、龋齿等问题;高盐饮食可能增加心血管疾病的风险;高脂肪食物摄入过多则可能导致能量过剩。因此,需要限制糖分和盐分的摄入,严格把控油的质量,保证幼儿吸收营养均衡多元。

膳食指南建议2～3岁幼儿每天摄入的油总量在10～20克,盐总量小于2克。

需要注意的是,以上推荐的每日膳食量是大致平均膳食摄入量(见表2-2和图2-1)。由于每位幼儿生长需求、生长速度、进餐食欲存在个体差异,以及幼儿每日的食欲也会因天气、情绪、疾病等因素而有所波动,因此不同幼儿、同一幼儿不同餐次的进食量也存在个别化的差异。照护者应根据实际情况顺应喂养、适当调整。

表2-2 2～3岁幼儿每日营养摄入量

食　　物	每 日 总 量
谷类/g	75～125
薯类/g	适量
蔬菜/g	100～200
水果/g	100～200
畜肉禽鱼/g	50～75
蛋类/g	50
奶类/g	350～500
大豆(适当加工)/g	5～15
坚果(适当加工)/g	—
烹调油/g	10～20
食盐/g	<2
饮水量/mL	600～700

来源:《中国居民膳食指南(2022)》

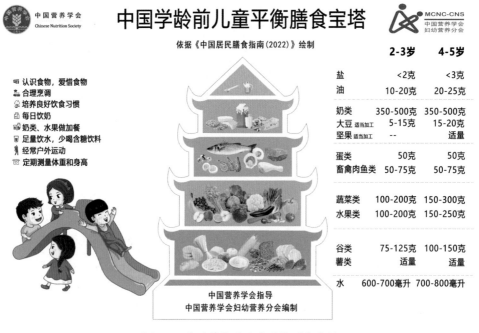

图 2-1 中国学龄前儿童平衡膳食宝塔

二、2～3岁幼儿膳食安排及每日营养供给

（一）餐次安排

2～3岁幼儿应遵循三餐两点的餐次规律，每天安排早、中、晚三次正餐，早中餐、中晚餐之间安排一次加餐或点心。正餐间隔时间为4～5小时，加餐与正餐之间间隔1.5～2小时，加餐分别安排在上午和下午各一次。正餐进餐时间宜为25～30分钟/餐，餐后安静活动或散步时间10～15分钟。

建议托育机构根据自身提供的托育服务类型，合理制定每天餐次。如提供一餐两点的全日托班，可以在幼儿入园活动后安排上午加餐，11:00～11:30上午活动结束后安排午餐，以及下午幼儿午睡起床后安排下午加餐。

（二）膳食供给量

2～3岁幼儿的胃肠道功能和咀嚼能力已经较为成熟，进餐食物种类和形式以家常食物为主。幼儿膳食应碎、软、烂，制作以蒸煮为宜，保证饮食卫生。依据早餐吃好、午餐吃饱、晚餐适量的原则，早餐以主食为主、优质蛋白质为辅，早餐进食的合计能量（主餐及早点加餐）约占全天提供总能量的30%；午餐主副食并重、荤素搭配合理、菜汤形式多样，午餐进食的合计能量（主餐及午点加餐）约占全天提供总能量的40％；晚餐以主食为主、容易消化，晚上进食的合计能量约占全天提供总能量的30％。

托育机构应根据自身提供的餐次衡量每日能量和蛋白质供给量。根据国家卫健委印发的《托育机构婴幼儿喂养与营养指南》相关要求，提供一餐（含上、下午加餐）的托育机构膳食能量应达到DRIs推荐量的50％以上，二餐应达到70％以上，三餐应达到80％以上。膳食中优质蛋白质应达到蛋白质总量的50％以上（见表2-3）。

表2-3 不同托育机构类型的能量供给

托育机构类型	能量和蛋白质供给建议量 （每日DRIs推荐量的占比）
一餐两点	50％以上
两餐两点	70％以上
三餐两点	80％以上

（三）多样化膳食安排

《中国居民膳食指南（2022）》建议2周岁以上的学龄前儿童平均每天食物种类数达到12种以上，每周达到25种以上，烹调油和调味品不计算在内。

从餐次来看，建议早餐4～5种，午餐5～6种，晚餐4～5种，加餐1～2种。

从食物大类来看，建议：(1)谷类、薯类及杂豆类食物，平均每天3种以上，每周5种以上；(2)蔬菜、菌藻及水果类食物，平均每天4种以上，每周10种以上；(3)鱼、蛋、畜肉及禽肉类食物，平均每天3种以上，每周5种以上；(4)奶、大豆及坚果类食物，平均每天有2种，每周5种以上。

托育机构可以根据实际提供的餐次，在此基础上酌情调整。

（四）合理选择加餐

加餐作为正餐之外的营养补充，能够满足幼儿持续性活动的需要。食物种类以奶类、水果为主，配以少量松软面点，尽量不选择油炸食品、膨化食品、甜点及含糖饮料。加餐零食量不宜过多，以不影响正餐食欲为宜，进食前洗手、吃完漱口，睡前30分钟内不安排进食。

根据《中国居民膳食指南（2022）》(见表2-4)建议，托育机构在安排2～3岁幼儿加餐时应注意以下几点：(1)选择优质的奶制品、水果、蔬菜和坚果；(2)尽量少安排高盐、高糖、高脂及可能含反式脂肪酸的食品，如膨化食品、油炸食品、糖果甜点、冰激凌等；(3)不提供或尽可能少提供含糖饮料；(4)加餐的食物应新鲜卫生、易于幼儿消化；(5)要特别注意幼儿进食安全，避免食用整粒豆类、坚果，防止食物呛入气管发生意外，建议坚果和豆类食物磨成粉或打成糊食用。

表2-4　推荐和限制托育机构提供的加餐类型

推　荐	限　制
新鲜水果、蔬菜（黄瓜、西红柿等）	果脯、果汁、果干、水果罐头
奶及奶制品（液态奶、酸奶、奶酪等）	乳饮料、冷冻甜品类食物（冰激凌、雪糕等）、奶油、含糖饮料（碳酸饮料、果味饮料等）
谷类（馒头、面包、玉米） 薯类（紫薯、甘薯、马铃薯等）	膨化食品（薯片、虾条等）、油炸食品（油条、麻花、油炸土豆等）、奶油蛋糕
鲜肉及鱼肉类	咸鱼、香肠、腊肉、鱼肉罐头等
鸡蛋（煮鸡蛋、蒸蛋羹）	茶叶蛋、皮蛋
豆及豆制品（豆腐干、豆浆等）	烧烤类食品
坚果类（磨碎食用）	高盐坚果、糖浸坚果

来源：《中国居民膳食指南（2022）》

第二节　培养幼儿健康饮食习惯

2～3岁幼儿自我意识、好奇心和学习模仿能力逐渐增强，这个阶段是形成良好饮食行为和健康生活习惯的关键时期。托育机构尽量固定幼儿进餐时间和座位，营造温馨愉快的进餐环境，鼓励幼儿有规律地自主、专心进餐，从小培养淡口味，增进对食物的认知和喜爱，保障幼儿健康成长。

一、培养自主进食、均衡饮食

（一）自主进餐、专注进食

自主进食是儿童生活自理能力的重要里程碑。鼓励幼儿专注进食，有助于胃肠消化酶正常分泌，促进幼儿消化吸收，建立健康饮食行为。培养幼儿自主进食和专注进食的习惯，有利于提高他们的进餐兴趣，提升手眼协调和精细动作能力，培养自信心和自我胜任感。

1. 尽量定时定点就餐

托育机构应建立固定有规律的作息安排,幼儿在固定的时间、环境、地点和座位进餐,有利于培养他们规律就餐的良好习惯,在有序的用餐环境中获得安全感和秩序感。照护者组织班级所有幼儿在同一时间共同就餐,也能增强集体生活意识。

2. 避免进餐的同时有其他活动

由于2~3岁幼儿注意力不易集中,容易受到环境的干扰,进餐时玩玩具、看电子屏幕、做游戏等都会影响幼儿对食物的关注度,干扰进食量和消化吸收效果。因此在进餐时间,托班照护者应鼓励孩子们集中注意力吃饭,避免高声喧哗或进行其他的游戏玩乐行为。这样一方面可以引导幼儿更好地品尝咀嚼食物、感受饥饿感和饱足感,规避不适当的饮食行为及意外情况,另一方面,这是培养良好用餐礼仪的开端,对幼儿日后生长发育和社交活动大有裨益。

3. 引导幼儿吃饭细嚼慢咽,但不拖延

引导幼儿细嚼慢咽不仅有益于食物消化,也能让他们更好地享受和品尝食物的味道,营造整洁温馨、放松安静的用餐环境,让孩子在愉悦的氛围中进食。照护者可以言传身教、以身作则,向幼儿示范细嚼慢咽的方法,潜移默化地改善幼儿进食习惯。同时,应引导幼儿吃饭不拖延、不开小差,将注意力集中在食物上,每次用餐均控制在30分钟内完成。

4. 让幼儿尝试自己使用匙、筷子进食

2~3岁幼儿可以尝试练习自己用餐具进食,培养独立进食的能力。2~3岁幼儿基本可以达到"自喂狼藉少"的能力水平,开始学习使用匙、杯、碗、筷子等餐具,3岁时应能熟练地用勺子吃饭。在托班,照护者应时刻鼓励幼儿使用勺子或筷子自己吃饭。初学时可能会有些困难,或将饭菜洒出、弄脏桌面或衣服,但通过成人耐心的引导、适当的练习,幼儿会逐渐适应并享受自主进食的过程。托班的照护者尽量避免从成人的视角干涉评价幼儿的进餐方式,用正向反馈、榜样示范等途径培养幼儿自主进食能力,切忌强迫喂食等不恰当的喂养方式。

(二)避免偏食、挑食及过量进食

由于2~3岁幼儿自我意识和自主性萌发,对食物表现出不同的喜好和兴趣,可能会出现暂时性的偏食、挑食情况。对于偏食、挑食或过量进食的幼儿,需要保育人员及时纠正,以恰当的方式帮助幼儿建立均衡饮食的良好习惯。

1. 鼓励幼儿选择多种多样的食物

照护者需要密切关注班级每位幼儿的就餐情况,了解他们对各类食物的喜

好，以及是否存在挑食、偏食或过量进食等不健康饮食行为，及早发现、分析原因，并及时纠正。对于幼儿不喜欢吃的食物，可以鼓励幼儿反复尝试并及时予以肯定和表扬，激发他们进步的动力。此外，也可以通过变换烹调方式、改变食物形式或质地、食物分量等方法加以改善，利用创意将食材做成可爱的造型，或者使用色彩搭配，激发幼儿的好奇心。还可以更新盛放食物的容器，使用色彩丰富的餐具、可爱的餐桌布，以激发他们的进食兴趣。

2. 提供丰富多样的食物选择

托班膳食应经常变换食物，避免单调食谱让幼儿产生厌烦情绪。可以通过味觉、视觉、嗅觉等感官刺激使幼儿转变对某些特殊食物的喜好，从抗拒排斥到熟悉接受，并逐渐习惯这些食物的味道，减少挑食、偏食的现象。通过创设丰富有趣的体能运动游戏，增加幼儿的身体活动量来增进每餐食欲，同时避免幼儿过度进食，养成均衡进食、适量进食的健康饮食习惯。

3. 容许儿童自主选择食物

尊重幼儿自主权和选择权，不强迫喂食或诱导进食，为幼儿提供适量选择的食物种类和进餐方式，不应以食物作为奖励或惩罚措施。照护者应当了解2～3岁幼儿每日各类食物的需要量，为幼儿提供定时定点的进餐制度和温馨整洁的进餐环境，不打击幼儿进食兴趣，不在进餐环节训斥幼儿，以免影响幼儿的用餐心情。

二、培养清淡、健康的饮食习惯

（一）从小培养淡口味

托班膳食控制对高盐、高糖、高脂食物的摄入，能为一生健康的饮食行为奠定基础。清淡食物有利于减少幼儿偏食挑食的不良习惯，降低儿童期和成年期肥胖、糖尿病、心血管疾病的风险，因此托班膳食应尽可能鼓励幼儿尝试、体验和喜爱天然食物的本味，从而培养淡口味。

1. 控制盐的摄入量

从小引导幼儿避免吃得过咸，对培养清淡口味的饮食习惯尤为重要。世界卫生组织（WHO）建议，儿童应减少盐的摄入量，以预防和控制血压。2～3岁幼儿每日食盐摄入量应控制在2克以内。值得注意的是，托班制备膳食时，不仅要关注尽量少使用食盐，也要尽量避免使用味精或鸡精，少用含盐量较高的酱油、豆豉、蚝油、咸味汤汁及酱料等。由于许多加工食品和零食的含盐量较多，因此也不建议经常给2～3岁幼儿提供，如盐腌食品、膨化食品、加工肉制品、饼干等此类食物。

2. 烹调方式以蒸、煮、炖、煨为宜

托班食物建议以清淡营养的烹调方式为主,保证原材料营养成分不流失,尽可能避免大量油炸、烧烤、油煎的方式。将食物切成小块煮软,易于咀嚼、吞咽和消化,特别注意要完全去除皮、骨、刺、核等,避免发生意外。

3. 膳食建议清淡口味

2～3岁幼儿的膳食以清淡口味为宜,不应过咸、油腻和辛辣,尽可能少用或不用色素、糖精等加工调味品,可以选择葱、蒜、洋葱、香草等天然新鲜香料,或番茄汁、柠檬汁、南瓜汁、菠菜汁等新鲜蔬果汁进行调味和调色。

(二)每天足量饮奶和饮水

鼓励2～3岁幼儿每天饮奶、足量饮水。良好的饮奶和饮水习惯能受益终身,对儿童早期的营养健康、身心发展都有至关重要的影响。

1. 培养饮奶习惯

奶类是优质蛋白质和钙的食物来源,含量丰富且吸收率高。托育机构需要为幼儿提供相当量的奶或奶制品,一天的总奶量达350～500 mL,以满足幼儿生长发育对钙、优质蛋白等的营养需求。推荐选择液态奶、酸奶、奶酪等无添加糖的奶制品,尤其在天气炎热时,酸奶、奶酪等发酵乳制品可以调节口味,提高幼儿进餐食欲。

2. 鼓励幼儿少量多次饮水

2～3岁幼儿每天水的总摄入量为1 300～1 600 mL(含饮水和汤、奶等),其中饮水量为600～700 mL。照护者应与家长沟通,鼓励和督促幼儿每天少量多次饮用,并以饮白开水为佳。

3. 控制含糖饮料

过量摄入高糖食品会对幼儿健康造成危害,增加患肥胖、龋齿等疾病的风险。建议2～3岁幼儿不摄入高糖食品,不喝含糖饮料,更不能用含糖饮料替代白开水。托育机构在烹调食物时应尽量少添加糖,不提供任何含糖饮料(如可乐、果汁饮料等)和高糖食品(如巧克力、糖果、蜜饯等)。此外照护者应以身作则,不在幼儿面前喝含糖饮料,以免产生隐性暗示作用。

三、开展食育活动,培养认知食物与喜爱食物

2～3岁幼儿自主性、好奇心和求知欲迅速发展,学习模仿能力明显增强,是培养健康饮食行为、建立基本营养健康意识的重要阶段。建议托育机构积极组织

开展食育活动,帮助幼儿更全面、直观地了解和认识食物,培养珍惜粮食、不浪费粮食的优秀品质,激发他们的进餐主动性和积极性。

(一)创造更多认识食物的机会

1. 把真实食材引入班级环境

托育机构可以尽可能为幼儿创造认识、感知、接触食物的机会。例如,在班级环境创设中,可以将仿真玩具替换成真实的食物材料,使幼儿能够充分接触到食物。根据季节或主题变更食材,让幼儿通过看、闻、摸、剥等亲身体验的方式,直观地了解不同食物的种类、形状、质地、颜色、气味和味道等,提高他们对新事物的接受度(见图2-2)。

图2-2 根据"秋天的味道"主题,摆放秋天的时令蔬果

2. 让幼儿了解每种食物的营养和功能

在每天的进餐准备环节,照护者可以向幼儿介绍每种食物的功能,增进幼儿对食物的认知与喜爱,促进食欲,避免发生挑食、偏食等不健康的饮食行为。针对班级幼儿具体进餐情况,照护者针对性地选择绘本、游戏、儿歌童谣等进行纠正和改善。如班上有幼儿不喜欢吃蔬菜,可以让他们聆听《爱吃蔬菜的鳄鱼》等关于蔬菜的营养故事,了解吃蔬菜对人体健康和生长发育的必要性,帮助他们接受食物。

（二）让幼儿体验食物的制作过程

1. 组织幼儿参与各种参观体验活动

照护者可以为幼儿创造丰富有趣的体验活动，如去农田认识农作物，去农场体验饲养动物，与幼儿一起观察托育园和家里种植的蔬菜、水果的生长过程，在蔬果成熟的时候一起分享丰收的喜悦（见图2-3）。有条件的托育机构还可以组织幼儿去菜场、超市参与食物的选购，身临其境地辨识各种食物，尝试让幼儿自主挑选符合主题的食材，从而提高幼儿进餐的积极性。

a　　　　　　　　　　　　　b

图2-3　托育园种植的白萝卜成熟了，托班孩子一起拔萝卜、洗萝卜

2. 让食物变得更有趣

2～3岁幼儿具有浓厚的自主探索意愿，可以让他们共同参与食物的制作和烹调过程。有些中国传统美食制作流程简单、互动性强，可以让托班幼儿积极尝试，如包饺子、包汤圆、做蔬菜饼、串糖葫芦等（见图2-4），在动手操作的过程中了解食物的制作步骤、食材的生熟变化，同时锻炼精细动作和手眼协调能力，促进感知觉的发育。此外，托育机构还可以积极开展家园共育活动，鼓励家长让孩子多参与食物的选择和制作，在家参与力所能及的食物加工，如择菜、剥皮、分装、倾倒等，以寓教于乐的方式让幼儿获得自信和成就感。

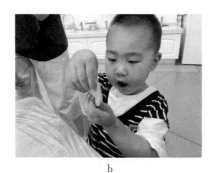

a　　　　　　　　　　　　　b

图2-4　托育园组织幼儿参与制作南瓜饼

第三节 编制科学营养食谱

根据 2～3 岁幼儿营养需要,应编制营养食谱并且每周进行更换。多样化的食谱制定,有利于促进幼儿食欲,满足生长发育的需要。提供符合幼儿月龄特点的正餐和加餐,保证食物品种多样、食物量适宜。从形、色、香、味等各个角度吸引幼儿进食兴趣,尝试将不同食材巧妙融合,通过食物替换的方法合理配餐,制作各式各类、丰富多彩、造型有趣的膳食。

为了让托班膳食更加科学多样化,这里结合《中国居民膳食指南(2022)》和《托育机构质量评估标准》,建议托育机构尝试以下几种方法加以改善:

● 提供小分量选择;

● 班级幼儿一起进餐;

● 合理配餐、同类食物互换,根据季节更换和搭配食物,注意荤素搭配、粗细搭配、深浅搭配、干稀搭配;

● 每周食谱中食物种类达到 25 种及以上,每天菜品不重复;

● 食物烹调方式以蒸、煮为宜,少盐少油,软烂合适,食材加工大小符合 24～36 月龄幼儿年龄特点。

一、食谱编制体现季节性、本土化特点

托育机构在制定食谱过程中,选择当季新鲜食材为幼儿提供丰富、全面、均衡的营养,根据气候变化调整饮食,满足幼儿在不同季节的生长发育需求。

(一)春季食谱编制要点

春季是婴幼儿骨骼生长的旺盛期,可以多提供含钙量较多的食物,如紫菜虾皮汤、骨头汤、海带汤,以及鲜牛奶、酸奶、奶酪等奶制品,以补充幼儿机体发育所需的钙和维生素 D。此外,春天万物复苏、叶绿芽嫩,是补充新鲜蔬果的好时机,如青菜、菠菜、莴笋、荠菜、豌豆、油菜等,有助于提供丰富的维生素和矿物质,促进生长和免疫系统健康。

(二)夏季食谱编制要点

夏季是人体新陈代谢最活跃的季节。夏季膳食应注意色彩鲜艳、形式多样,

同时增加水分摄入，及时补充蛋白质、维生素等营养元素。夏季食谱中的蛋类可以以鸭蛋为主。鸭蛋是水禽蛋，偏凉性，利于解暑。加餐或点心以清淡解暑为主，可以增添一些消暑利湿的食物，如西瓜、丝瓜、冬瓜、百合、西红柿、绿豆等。

（三）秋季食谱编制要点

秋季强调滋润肺气、防秋燥，建议适量摄入富含维生素的食物，通过饮食调理提高免疫力以预防感冒，可以多吃些莲藕、山药、芦笋、苹果、山楂、银耳、木耳、葡萄、梨、山楂等当季蔬果。早上可以安排粥点，有益于生津液、防燥热。

（四）冬季食谱编制要点

冬季天气较为寒冷，幼儿需要从食物中获取热量满足活动需求，可以增添一些红肉、红薯、红枣等食物，适当增加营养密度较高、高热量、高蛋白的食物，同时注意维生素和矿物质的摄入，营养均衡、强身增能。

二、食谱制定考虑特殊幼儿的营养需求

乳糖不耐受、食物过敏、贫血、超重肥胖、有宗教信仰的特殊幼儿，可能对膳食需求有特殊考量。基于营养均衡和健康成长的原则，托育机构可以在普通幼儿食谱的基础上做适当调整，为他们提供特殊膳食或替代餐。有特殊喂养需求的，需要幼儿监护人提供书面说明。依据《托育机构与幼儿园卫生保健工作实用指引》和《中国居民膳食指南（2022）》，2～3岁幼儿特殊膳食可从以下方面考虑。

（一）乳糖不耐受幼儿饮食调理原则

乳糖不耐受或继发乳糖不耐受的幼儿，在空腹饮奶后可能出现肠胃不适等症状，如腹胀、腹泻、腹痛。对于乳糖不耐受的幼儿：

① 引导幼儿合理的进餐顺序，饮奶前或饮奶时同时进食一些固体食物，避免空腹饮奶；

② 鼓励幼儿少量多次饮奶，若条件允许，可以在一天当中分多次为乳糖不耐受幼儿提供少量奶；

③ 选择酸奶、奶酪等发酵乳制品；

④ 选用无乳糖奶作为替换奶，或在幼儿饮奶时加用乳糖酶。

（二）食物过敏幼儿饮食调理原则

① 了解幼儿食物过敏的类型和过敏食物品种，属于长期性、周期性、间歇性还是季节性。与家长密切沟通，了解并掌握幼儿的过敏情况，并记录归档。

② 详细研究每口食谱,识别并排除过敏食材,并有针对性地调整食谱,将欠缺的营养从其他食物中摄取。如对奶制品过敏的幼儿,可以将牛奶更换为豆浆;对海鲜过敏的幼儿,可以将鱼虾调整为海带和其他富含蛋白质的食物。

③ 对于食物过敏幼儿进行合理干预。定期确认过敏原的耐受性,督促家长共同动态监测幼儿过敏现象,用少量开始逐步增加的方式试食。

（三）贫血幼儿饮食调理原则

① 尽量多选用优质蛋白质和含铁丰富且吸收率高的食物,供给足够的动物性食物和豆制品,如鱼、瘦肉、肝、大豆及制品、鸡鸭猪血等。

② 增加维生素 C 的摄入,每天摄入足够量的新鲜蔬菜和水果。强调不同食物的进餐顺序,如蔬菜建议与肉类同食,水果在饭后吃,这样有利于促进铁元素的吸收。

③ 培养幼儿喜食多种食物,纠正挑食、偏食、含食不咽的不良习惯。

（四）超重肥胖幼儿饮食调理原则

对于生长发育评估为超重肥胖的幼儿,需达到不妨碍生长发育又控制体重过度增长的目的,膳食安排循序渐进。

① 主要控制脂肪,蛋白质必须保证,优质蛋白质应占一半以上,如适量的瘦肉、鱼、蛋、豆制品。控制热量摄入、提供均衡的饮食,减少高糖、高油脂和高盐食物,如糖果、油炸物等。

② 引导幼儿建立良好、均衡的饮食习惯,避免强迫幼儿吃完所有食物,鼓励幼儿根据饥饿感调整食量,进餐时慢慢咀嚼食物,提高饱腹感。

③ 与家长积极沟通,鼓励幼儿规律进餐,避免零食频繁摄入;鼓励幼儿参与适量的体育活动和户外游戏,限制久坐行为和视屏活动;定期给幼儿进行体格测量。

（五）有宗教信仰的幼儿饮食调理原则

对于有宗教信仰的家庭,托育机构在幼儿入托时,可向家长详细了解宗教信仰对饮食的要求和限制。在尊重宗教信仰的基础上,设计多样化的食谱,提供合适的食物替代选择,确保幼儿营养膳食全面均衡。

三、制定带量食谱

托育机构的带量食谱符合 2～3 岁幼儿年龄特点。在编制食谱时,考虑在食材多样的基础上制定带量食谱,将各类食物的每周用量清晰反映,包括食物种类、数量、烹饪方式和食品名称等信息,便于后勤采购、食堂烹调、营养素评价与分析,使膳食计划落实更规范化、标准化。每季度开展营养计算,其中优质蛋白每日摄入量需达到要求。

以下是由宁波市某托育园提供的2～3岁幼儿四季带量食谱(见表2-5至表2-12),供相关托育机构参考。食谱管理者可以在编制上注重以下几点。

● **符合季节性时令**,如夏季提供绿豆、鸭蛋、丝瓜、冬瓜清热消暑,羊角蜜瓜和杨梅属于时令水果,秋季提供茭白、秋葵、南瓜、莴笋、柚子、葡萄等时令蔬果,冬天有雪里蕻、冬笋、萝卜、荸荠、芹菜、砂糖橘、芋头、荠菜;

● **海鲜选择体现多样化、本土化**,如蛏子、鲳鱼、虾皮、鸦片鱼、舌鳎鱼、带鱼、大黄鱼;

● **体现地方饮食特色**,如米馒头、碱水面、水塔糕、米线、面疙瘩、面结汤、杨梅汁、烤麸、春卷;

● **体现传统节日的饮食特色**,如清明节吃艾草青团、端午节吃粽子、腊八节喝腊八粥、冬至日吃雪里蕻烤年糕、新年吃芝麻汤圆;

● **遵循幼儿生长发育规律**,随着月龄增长,幼儿营养、热量等需求也相应增加,如9月份食谱米饭用量为45g,而第二年6月份食谱米饭用量为50g。

(一)春季2～3岁幼儿带量食谱

表2-5　2～3岁幼儿带量食谱(日期:4.3～4.7)

餐次	周一	周二	周三	周四	周五
上午点心	**牛奶** 鲜牛奶　100 mL **米馒头** 米馒头　20 g **水果** 帝王蕉　60 g	**牛奶** 鲜牛奶　100 mL **手工蝴蝶酥** 蝴蝶酥　15 g **水果** 苹果　80 g	**牛奶** 鲜牛奶　100 mL **彩色花卷** 花卷　15 g **水果** 彩色小番茄55 g	**甜豆浆** 黄豆　12 g **一口鲜蛋糕** 蛋糕　15 g **水果** 哈密瓜　90 g	**牛奶** 鲜牛奶　100 mL **蒸紫薯** 紫薯　40 g **水果** 羊角蜜瓜　80 g
午餐	**米饭** 大米　50 g **白灼明虾** 明虾　55 g **双花菜炒日本豆腐** 花菜　20 g 西蓝花　25 g 日本豆腐　20 g 胡萝卜　5 g **冬瓜肉丸汤** 冬瓜　30 g	**小米饭** 小米　1 g 大米　50 g **茭白烤肉** 茭白肉　30 g 五花肉　30 g **西葫芦银鱼炒蛋** 西葫芦　20 g 银鱼　5 g 鸡蛋　25 g 胡萝卜　10 g	**米饭** 大米　50 g **黄焖香菇鸡** 鲜香菇　5 g 三黄鸡　55 g **莴苣炒玉米笋** 莴苣(去皮) 35 g 玉米笋　10 g 胡萝卜　5 g **裙带蛋花汤** 裙带菜　1 g	**米饭** 大米　50 g **胡萝卜炖牛肉末** 胡萝卜　25 g 牛肉　35 g **果仁菠菜** 花生碎　3 g 菠菜　45 g **夜开花蛏子羹** 蛏子　10 g	**艾草馒头** 艾草馒头　20 g **夏威夷菠萝虾仁炒饭** 菠萝　25 g 腰果碎　5 g 青豆　5 g 玉米粒　15 g 虾仁　10 g 肉丝　10 g 胡萝卜　10 g 大米　45 g

餐次	周一	周二	周三	周四	周五
	五花肉肉末 20 g 小葱 4 g	**番茄土豆汤** 番茄 20 g 土豆 30 g 小葱 4 g	鸡蛋 8 g	夜开花 35 g 淀粉 4 g 小葱 4 g	小葱 4 g **莲藕乌鸡汤** 莲藕 30 g 乌鸡 30 g
下午点心	**牛乳蛋糕** 蛋糕 15 g **皂角米荞麦粥** 皂角米 5 g 荞麦 5 g 大米 10 g	**蒸山药** 铁棍山药 40 g **莲子百合汤** 莲子 8 g 鲜百合 5 g 冰糖 5 g	**青菜肉丝三角面片** 青菜 20 g 腿肉 10 g 三角面片 25 g	**自制青团** 青团 30 g **酸奶** 酸奶 125 g	**贝贝南瓜** 贝贝南瓜 25 g **田园香菇肉末粥** 青菜 10 g 大米 10 g 干香菇 1 g 肉末 8 g
调味品	白糖18 g,油25 g				

(二) 夏季2～3岁幼儿带量食谱

表2-6　2～3岁幼儿带量食谱(日期:6.5～6.9)

餐次	周一	周二	周三	周四	周五
上午点心	**牛奶** 鲜牛奶 120 mL **双色米糕** 双色米糕 30 g **水果** 香蕉 75 g	**牛奶** 鲜牛奶 100 mL **煎南瓜丝饼** 青皮南瓜 15 g 面粉 10 g **水果** 哈密瓜 90 g	**酸奶** 酸奶 125 g **花色饼干** 饼干 10 g **水果** 西瓜 95 g	**红枣豆浆** 红枣 5 g 黄豆 8 g **水牛蛋糕** 水牛乳蛋糕 15 g **水果** 蜜宝 55 g	**牛奶** 鲜牛奶 120 mL **蒸黄金糕** 黄金糕 20 g **水果** 蓝莓 40 g
午餐	**米饭** 大米 50 g **香酥鳕鱼排** 鳕鱼排 55 g **洋葱炒土豆** 洋葱 10 g 土豆 40 g **青菜蛋饺汤** 青菜 25 g 鸡蛋饺 20 g 小葱 4 g	**芝麻饭** 熟芝麻 1 g 大米 50 g **肉末炖鸭蛋** 五花肉肉末 30 g 鸭蛋 25 g **包心菜炒虾皮** 包心菜 40 g 虾皮 1 g 胡萝卜 10 g **丝瓜蘑菇汤** 丝瓜 30 g	**米饭** 大米 50 g **豉汁龙利鱼** 龙利鱼 55 g 豉汁 5 g **花椰菜炒木耳** 花椰菜 35 g 木耳 1 g 胡萝卜 8 g **海带肉丸汤** 海带 20 g 五花肉肉末 20 g	**米饭** 大米 50 g **红皮萝卜炖牛肉末** 红皮萝卜 20 g 牛肉末 35 g **茭白毛豆炒虾仁** 茭白 25 g 毛豆粒 10 g 虾仁 10 g 胡萝卜 10 g **番茄冬瓜汤**	**里脊什锦炒面** 鸡毛菜 20 g 里脊肉 10 g 胡萝卜 5 g 碱水面 35 g **五香鹌鹑蛋** 鹌鹑蛋 25 g **裙带菜海鲜汤** 裙带菜 1 g 花蛤 15 g 小葱 4 g

续 表

餐次	周一	周二	周三	周四	周五
		鲜蘑菇 5g 小葱 4g	小葱 4g	番茄 10g 冬瓜 35g 小葱 4g	
下午点心	**星星蛋糕** 星星蛋糕 15g **苹果小米粥** 苹果 15g 小米 10g 大米 10g	**番茄大虾乌冬面** 番茄 20g 长毛虾 18g 乌冬面 50g	**三角粽子** 粽子 35g **冰糖杨梅汁** 杨梅 30g 冰糖 2g	**流沙包** 流沙包 25g **杂粮米糊** 黑豆 5g 黑米 5g 糙米 10g	**奶香玉米棒** 玉米棒 40g **香菇鸡丝粥** 鲜香菇 2g 鸡丝 10g 大米 15g
调味品	白糖20g,油25g				

表2-7 2～3岁幼儿带量食谱(日期:6.26～6.30)

餐次	周一	周二	周三	周四	周五
上午点心	**牛奶** 鲜牛奶 100mL **水塔糕** 水塔糕 20g **水果** 帝王蕉 60g	**牛奶** 鲜牛奶 100mL **绿豆糕** 绿豆糕 20g **水果** 哈密瓜 90g	**酸奶** 酸奶 125g **葱卷** 小葱卷 25g **水果** 葡萄 55g	**小米豆浆** 小米 5g 黄豆 8g **牛奶早餐包** 牛奶早餐包 15g **水果** 东方蜜 85g	**牛奶** 鲜牛奶 100mL **蔬菜动物小馒头** 动物小馒头 15g **水果** 苹果 80g
午餐	**芝麻海苔饭** 芝麻海苔碎 1g 大米 50g **葱油多宝鱼** 多宝鱼 60g 小葱 4g **油焖茭白肉丝** 茭白肉 20g 肉丝 15g 木耳 1g 胡萝卜 10g **菌菇玉米棒汤** 鲜平菇 10g 玉米棒 40g	**米饭** 大米 50g **红烧肉** 腿肉 30g 五花肉 10g **植物四宝** 莴笋 20g 铁棍山药 15g 木耳 1g 胡萝卜 10g **番茄蛋花汤** 番茄 25g 鸡蛋 8g 小葱 4g	**米饭** 大米 50g **油爆活皮虾** 活皮虾 50g **四鲜烤麸** 香菇(鲜) 5g 木耳(干) 1g 生麸 15g 大白菜 25g **丝瓜肉丸汤** 丝瓜 35g 五花肉肉末 15g	**米饭** 大米 50g **胡萝卜炖牛腩** 胡萝卜 25g 牛腩 30g **西葫芦虾皮炒蛋** 西葫芦 25g 虾皮 1g 鸡蛋 25g **冬瓜海带汤** 冬瓜 40g 海带 10g 小葱 4g	**茄汁意大利通心粉** 番茄汁 2g 五花肉肉末 10g 通心粉 35g **西蓝花炒三文鱼** 西蓝花 35g 三文鱼 10g 胡萝卜 10g **土豆木耳老鸭煲** 土豆 25g 木耳 1g 鸭 30g 小葱 4g

续　表

餐次	周一	周二	周三	周四	周五
下午点心	**夜开花打卤面** 夜开花　20 g 五花肉末　10 g 碱水面　25 g	**笑薯饼** 笑薯饼　15 g **南瓜红枣粥** 南瓜　25 g 红枣（干） 8 g 大米　10 g	**纸皮小笼包** 小笼包　20 g **自制糖水黄桃** 黄桃　30 g 冰糖　5 g	**自制白菜猪肉水饺** 大白菜　15 g 五花肉肉末 15 g 水饺皮　25 g	**黄金糕** 黄金糕　15 g **芹菜鸡丝粥** 芹菜　8 g 鸡脯肉　10 g 大米　15 g
调味品	白糖20 g,油25 g				

（三）秋季2～3岁幼儿带量食谱

表2-8　2～3岁幼儿带量食谱（日期:9.4～9.8）

餐次	周一	周二	周三	周四	周五
上午点心	**牛奶** 鲜牛奶　100 mL **彩色小馒头** 小馒头　15 g **水果** 香蕉　75 g	**牛奶** 鲜牛奶　100 mL **一口奶酪蛋糕** 蛋糕　15 g **水果** 西瓜　95 g	**酸奶** 酸奶　125 g **鸡蛋糕** 鸡蛋糕　20 g **水果** 苹果　80 g	**小米豆浆** 小米　5 g 黄豆　8 g **面包干** 面包干　15 g **水果** 葡萄　65 g	**牛奶** 鲜牛奶　100 mL **卤土豆** 土豆　25 g **水果** 小番茄　55 g
午餐	**米饭** 大米　45 g **香酥玉秃鱼** 玉秃鱼　60 g **鱼香茭白** 茭白肉　30 g 胡萝卜　10 g 干木耳　1 g **蒸鸡蛋羹** 鸡蛋　20 g 小葱　4 g	**紫米米饭** 紫米　1 g 大米　45 g **海带烤肉** 海带丝　15 g 五花肉　15 g 猪腿肉　20 g **莴笋炒皮皮虾肉** 莴笋肉　35 g 绿豆芽　10 g 皮皮虾肉　5 g **鲜蔬芙蓉汤** 菠菜　25 g 鲜香菇　3 g 小葱　4 g	**米饭** 大米　45 g **水煮罗氏虾** 罗氏虾　60 g **西蓝花炒日本豆腐** 西蓝花　35 g 日本豆腐　20 g 胡萝卜　5 g **丝瓜肉丝汤** 丝瓜　35 g 肉丝　10 g 小葱　4 g	**米饭** 大米　45 g **红烧狮子头** 肉末　35 g 鲜香菇　5 g **番茄炒蛋** 番茄　40 g 鸡蛋　25 g **裙带菜海鲜菇汤** 裙带菜　1 g 海鲜菇　5 g 蘑菇　5 g 小葱　4 g	**彩椒牛柳意大利面** 柿子椒　5 g 红灯椒　5 g 牛柳　25 g 意大利面　30 g 胡萝卜　5 g 洋葱　3 g **香酥鸡米花** 鸡米花　30 g **玉米菌菇汤** 玉米棒　40 g 鲜平菇　5 g 小葱　4 g
下午点心	**荷包蛋蛋糕** 蛋糕　12 g **藜麦南瓜粥**	**三鲜馄饨** 五花肉末 15 g	**披萨** 披萨　25 g **绿豆汤**	**黑米糕** 黑米糕　25 g **牛奶水果燕麦片**	**苔条米馒头** 米馒头　20 g 苔条　0.5 g

餐次	周一	周二	周三	周四	周五
	藜麦　5 g 南瓜　20 g 大米　8 g	馄饨皮　25 g 小葱　2 g	绿豆　8 g	全脂高钙奶粉 8 g 水果燕麦片 10 g	菜末肉香粥 青菜　10 g 五花肉肉末 5 g 大米　15 g 小葱　2 g
调味品	白糖20 g,油25 g				

表2-9　2～3岁幼儿带量食谱(日期:10.16～10.20)

餐次	周一	周二	周三	周四	周五
上午 点心	牛奶 鲜牛奶　100 mL 刀切馒头 刀切馒头　20 g 水果 苹果　75 g	牛奶 鲜牛奶　100 mL 迷你乳酪包 迷你乳酪包 20 g 水果 皇冠梨　80 g	牛奶 鲜牛奶　100 mL 黑米糕 黑米糕　20 g 水果 帝王蕉　60 g	花生豆浆 花生　5 g 黄豆　8 g 烧卖 烧卖　20 g 水果 红心柚子　85 g	牛奶 鲜牛奶　100 mL 土豆丝饼 土豆　10 g 面粉　10 g 水果 蜜橘　65 g
午餐	米饭 大米　45 g 葱油鸦片鱼 鸦片鱼肉 55 g 小葱　4 g 西芹炒百合 西芹　25 g 鲜百合　5 g 胡萝卜　10 g 生菜蛋饺汤 生菜　10 g 鸡蛋饺　20 g 小葱　4 g	藜麦饭 大米　45 g 藜麦　1 g 卤肉丸子 五花肉肉末 10 g 腿肉肉末 30 g 茭白炒鳝丝 茭白肉　35 g 鳝丝　10 g 洋葱　5 g 丝瓜蘑菇汤 丝瓜　30 g 蘑菇　5 g 小葱　4 g	米饭 大米　45 g 酱汁带鱼 带鱼　70 g 散花菜炒木耳 散花菜　35 g 木耳　1 g 胡萝卜　10 g 青菜面结汤 青菜　25 g 五花肉肉末 10 g 千张皮　8 g 小葱　4 g	米饭 大米　45 g 彩椒洋葱炒牛 柳 彩椒　10 g 洋葱　8 g 牛柳　35 g 包心菜炒香菇 包心菜　40 g 干香菇　1 g 胡萝卜　10 g 秋葵蒸鸡蛋羹 秋葵　2 g 鸡蛋　25 g 小葱　4 g	心形水塔糕 水塔糕　20 g 青菜肉丝鸡蛋 炒米线 鸡毛菜　20 g 肉丝　10 g 鸡蛋　10 g 胡萝卜　5 g 绿豆芽　10 g 米线　35 g 菌菇乳鸽汤 菌菇类　10 g 乳鸽　25 g 小葱　4 g
下午 点心	一口真逗餐包 一口真逗餐包 15 g 荞麦红枣粥 荞麦　8 g 红枣　7 g 大米　10 g	青菜云吞面 青菜　20 g 馄饨　10 g 盘面　15 g 胡萝卜　3 g	奶香玉米 玉米棒　40 g 豆沙桂花圆子 羹 豆沙　10 g 小圆子　15 g 桂花　1 g	奶酪棒 奶酪棒　20 g 番薯糖水 番薯　80 g	香芋肉末粥 芋艿　20 g 肉末　10 g 大米　10 g
调味品	白糖20 g,油25 g				

表 2-10　2～3 岁幼儿带量食谱（日期：11.27～12.1）

餐次	周一	周二	周三	周四	周五
上午点心	牛奶 鲜牛奶　100 mL 孝仁糕 孝仁糕　30 g 水果 无籽提子　55 g	牛奶 鲜牛奶　100 mL 蒸饺 蒸饺　20 g 水果 苹果　75 g	牛奶 鲜牛奶　100 mL 胡萝卜鸡蛋饼 胡萝卜　5 g 鸡蛋　10 g 面粉　10 g 水果 帝王蕉　60 g	黑米豆浆 黑米　5 g 黄豆　8 g 卤鹌鹑蛋 鹌鹑蛋　25 g 水果 果冻橙　80 g	牛奶 鲜牛奶　100 mL 煎南瓜丝饼 青皮南瓜　20 g 面粉　10 g 水果 蜜橘　65 g
午餐	米饭 大米　45 g 葱油黑鱼片 黑鱼片　60 g 鱼香肉丝 茭白肉　30 g 猪肉　10 g 胡萝卜　10 g 木耳　1 g 鲜蔬芙蓉汤 菠菜　20 g 鲜香菇　5 g	荞麦饭 荞麦　1 g 大米　45 g 板栗烤肉 板栗仁　25 g 腿肉　20 g 五花肉　15 g 菜蕻炒冬笋片 菜蕻　40 g 冬笋肉　10 g 胡萝卜　5 g 黄瓜虾滑汤 黄瓜　20 g 手工虾滑　10 g 小葱　4 g	米饭 大米　45 g 盐水基围虾/ 椒盐翅中 基围虾　30 g 翅中　35 g 茄汁花椰菜 番茄汁　5 g 花椰菜　45 g 萝卜芋艿羹 萝卜　30 g 奉化芋艿头 25 g 淀粉　2 g 小葱　4 g	米饭 大米　45 g 土豆炖牛肉末 土豆　30 g 牛肉末　35 g 莴笋炒山药 莴笋　30 g 法棍山药 20 g 冬笋肉　10 g 胡萝卜　5 g 青菜蛋饺汤 青菜　25 g 鸡蛋饺　20 g 小葱　4 g	卡通奶黄包 奶黄包　30 g 冰淇淋蛋炒饭 青豆　5 g 松仁　3 g 玉米粒　10 g 鸡蛋　10 g 肉丝　10 g 冰淇淋筒 10 g 大米　45 g 海南椰汁鸡汤 蘑菇　5 g 椰汁　60 g 三黄鸡　30 g 小葱　4 g
下午点心	牛奶餐包 牛奶餐包　20 g 南瓜小米粥 南瓜　20 g 小米　8 g 大米　8 g	番茄鸡蛋面疙瘩 番茄　20 g 鸡蛋　10 g 面疙瘩　35 g	叉烧包 叉烧包　25 g 桂圆红枣汤 桂圆肉　5 g 无核红枣 8 g	小兔奶黄包 奶黄包　20 g 吊梨马蹄饮 雪梨　25 g 马蹄　20 g	雪里蕻烤年糕 雪里蕻　35 g 火锅年糕 55 g
调味品	白糖20 g，油25 g				

(四) 冬季2～3岁幼儿带量食谱

表 2-11　2～3 岁幼儿带量食谱（日期：12.25～12.29）

餐次	周一	周二	周三	周四	周五
上午点心	牛奶 鲜牛奶　100 mL 星星蛋糕 蛋糕　15 g	牛奶 鲜牛奶　100 mL 蒸枣泥糕 枣泥糕　15 g	牛奶 鲜牛奶　100 mL 小兔包 小兔包　20 g	核桃豆浆 核桃仁　3 g 黄豆　8 g 雪花南瓜饼	牛奶 鲜牛奶　100 mL 卤小土豆 小土豆　20 g

餐次	周一	周二	周三	周四	周五
	水果 苹果　80 g	**水果** 红心柚子　80 g	**水果** 帝王蕉　60 g	**南瓜饼**　20 g **水果** 果冻橙　80 g	**水果** 蓝莓　40 g
午餐	**米饭** 大米　47 g **油爆活皮虾** 活皮虾　55 g **三丁炒松仁** 罗汉豆粒　15 g 胡萝卜　10 g 玉米粒　20 g 松仁　3 g **荽菜肉丝蘑菇羹** 荽菜　25 g 肉丝　10 g 蘑菇　5 g 淀粉　4 g	**芝麻饭** 黑芝麻　1 g 大米　47 g **糖醋莲藕里脊肉丝** 里脊肉丝　30 g 莲藕　15 g **花椰菜炒胡萝卜** 花菜　35 g 胡萝卜　10 g 木耳　0.5 g **菠菜蛋花汤** 菠菜　20 g 鸡蛋　8 g 小葱　4 g	**米饭** 大米　47 g **葱油鲳鱼** 鲳鱼　60 g **莴笋炒肉丝** 莴笋　35 g 肉丝　10 g 胡萝卜　10 g **青菜芋艿羹** 青菜　25 g 芋艿　30 g 淀粉　4 g 小葱　4 g	**米饭** 大米　47 g **香煎牛排条** 牛排　45 g **菜心炒蘑菇** 菜心　35 g 胡萝卜　10 g 蘑菇　5 g **芹菜大黄鱼蛋花羹** 芹菜　15 g 鸡蛋　5 g 大黄鱼　15 g 淀粉　4 g 小葱　4 g	**双色糯米饭** 血糯米　15 g 糯米　10 g **茄汁狮子头** 番茄酱　4 g 五花肉肉末 35 g **青菜鸡蛋龙须面** 青菜　20 g 鸡蛋　10 g 胡萝卜　4 g 香菇（鲜） 1 g 龙须面　25 g 小葱　4 g
下午点心	**新年紫薯包** 紫薯包　25 g **莲子红枣汤** 无芯莲子　8 g 无核红枣　8 g 红糖　3 g	**雪里蕻鸡丝波纹面** 雪里蕻　20 g 鸡丝　10 g 波纹面　15 g 胡萝卜　5 g	**柿柿如意芝麻汤圆** 芝麻汤圆　30 g	**老婆饼** 老婆饼　20 g **银耳雪梨汤** 银耳　1 g 雪梨　40 g	**卤鹌鹑蛋** 鹌鹑蛋　25 g **西蓝花山药胡萝卜粥** 西蓝花　8 g 山药　10 g 胡萝卜　5 g 大米　10 g
调味品	白糖 20 g，油 25 g				

表 2－12　2～3岁幼儿带量食谱（日期：1.8～1.12）

餐次	周一	周二	周三	周四	周五
上午点心	**牛奶** 鲜牛奶　100 mL **红糖发糕** 红糖发糕 20 g **水果** 雪梨　80 g	**牛奶** 鲜牛奶　100 mL **旺仔小馒头** 小馒头　10 g **水果** 橘子　65 g	**牛奶** 鲜牛奶　100 mL **小南瓜蛋糕** 小南瓜蛋糕 16 g **水果** 帝王蕉　60 g	**红豆豆浆** 红豆　3 g 黄豆　8 g **小葱鸡蛋饼** 小葱　1 g 鸡蛋　5 g 面粉　10 g **水果** 苹果　80 g	**牛奶** 鲜牛奶　100 mL **蒸蜜薯** 蜜薯　40 g **水果** 果冻橙　80 g

续 表

餐次	周一	周二	周三	周四	周五
午餐	米饭 大米　47 g **油爆海虾** 海虾　50 g **西蓝花炒鸡丝** 鸡丝　10 g 胡萝卜　10 g 西蓝花　40 g **大白菜素鸡羹** 大白菜　35 g 素鸡　5 g 小葱　4 g 淀粉　4 g	紫米饭 紫米　1 g 大米　47 g **肉末炖蛋** 肉末　30 g 鸡蛋　20 g **小芹菜笋丝炒鱿鱼** 小芹菜　35 g 冬笋丝　10 g 鱿鱼　15 g **菜蕻蘑菇羹** 菜蕻　25 g 蘑菇　5 g 小葱　4 g 淀粉　4 g	米饭 大米　47 g **葱油银鳕鱼** 银鳕鱼　55 g **彩椒炒土豆丝** 灯笼椒　8 g 土豆　35 g 胡萝卜　10 g **花菜肉丝羹** 花菜　35 g 肉丝　10 g 淀粉　4 g 小葱　4 g	米饭 大米　47 g **萝卜焖牛肉末** 萝卜　30 g 牛肉末　35 g **菠菜炒鸭血** 菠菜　50 g 鸭血　10 g **素罗宋汤** 番茄　8 g 包心菜　25 g 土豆　20 g 洋葱　8 g 淀粉　2 g 小葱　4 g	**小猪奶黄包** 奶黄包　20 g **红烧猪肝肉丸子** 猪肝　5 g 五花肉肉末　35 g **生菜肉丝鸡蛋汤面** 生菜　20 g 肉丝　5 g 鸡蛋　10 g 胡萝卜　5 g 碱水面　30 g 小葱　4 g
下午点心	**桂花米糕** 桂花米糕 20 g **腊八粥** 腊八粥　8 g 大米　10 g	**夜开花肉丝蝴蝶面** 夜开花　20 g 肉丝　10 g 蝴蝶面　18 g 胡萝卜　5 g	**蒸饺** 蒸饺　20 g **莲子红枣鹌鹑蛋汤** 莲子　5 g 红枣　7 g 鹌鹑蛋　8 g	**蛋挞** 蛋挞　20 g **橙子苹果枣香茶** 脐橙　25 g 苹果　25 g 红枣片　2 g	**水果玉米** 水果玉米　35 g **什锦蔬菜虾仁粥** 青菜　15 g 虾仁　5 g 大米　15 g
调味品	白糖 20 g,油 25 g				

第四节 建立膳食管理制度

一、膳食管理

（一）建立健全膳食管理制度

托育机构食堂应严格执行《中华人民共和国食品安全法》《餐饮服务许可管理办法》《学校食品安全与营养健康管理规定》等相关法律法规的要求,建立健全婴幼儿膳食管理制度,包括食品安全管理制度、从业人员健康管理制度、食品采购查验和索证索票制度、食品安全事故应急处置制度等,定期检查各项食品安全防范措施的落实情况。

自制幼儿餐食的托育机构，食堂应具备有效期内的《食品经营许可证》原件。没有独立食堂、外送幼儿餐食的托育机构，应当建立健全机构外供餐管理制度，具有与外送餐单位签订的送餐合同，配有专门的备餐间，分餐符合卫生要求。选择的外送餐公司须取得《企业法人营业执照》，且《食品经营许可证》主体业态标注"集体用餐配送单位"字样。

（二）明确食堂岗位工作职责

明确食堂管理人员、膳食制定人员、食堂人员、保育人员等岗位的工作职责。食堂工作人员上岗前应当参加食品安全、婴幼儿营养等专业知识培训。

自制幼儿餐食的托育机构，收托 50 名及以下婴幼儿的，应配备 1 名炊事人员；每增加 50 名婴幼儿应增加 1 名炊事人员；设有食品安全检查专责人员。自制餐的托育机构负责食品出入库、食品留样、食堂卫生、饮用水质安全检查等。外送幼儿餐食的托育机构，应有食品安全管理人员，负责向送餐方索要相关凭证记录并留存，负责食品留样、分餐间卫生、饮用水质安全检查等，做好检查记录。

（三）建立专项管理机制

幼儿膳食实行民主管理，成立有专人负责、家长代表参加的膳食委员会，并定期召开会议，研究儿童膳食中存在的问题并征求家长意见。工作人员膳食与幼儿膳食应严格分开，每天根据实际出勤人数按量、按食谱制作餐食，做到少剩饭、不浪费。儿童膳食费专款专用，账目每月公布，每学期膳食收支盈亏不超过 2%。

二、膳食安全

（一）饮水安全

除集中式供水外的生活饮用水水质应符合国家《生活饮用水卫生标准》（GB5749－2006）要求。饮水机等所有涉及饮用水卫生安全的产品，应当取得卫生许可。托育机构每学期进行一次饮用水质量检测，确保幼儿饮用水及设施符合标准，并保证幼儿按需饮水。每班有专用水杯架，标识清楚，有饮水设施。

（二）卫生安全

幼儿食堂和食品库房应当定期清扫，保持内外环境整洁卫生，采取有效措施消除苍蝇、老鼠、蟑螂和其他有害昆虫及其孳生条件。接触食品的食堂人员和保育人员应做好个人卫生，接触食品前均应用肥皂、流动水洗净双手，穿戴清洁的工作服，不留长指甲、涂指甲油，不戴戒指。食堂人员操作熟食时须戴口罩、帽子，禁止穿工作服如厕,各项操作符合卫生要求。

(三) 食品安全

所有食品应当在具有《食品生产许可证》的单位采购,保证食物新鲜。食品进货必须索证验收,做好食品采购和验收记录。禁止加工变质、有毒、不洁、超过保质期的食物。禁止提供生冷拌菜。存放时间超过 2 小时的熟食品,需再次利用时应当充分加热,加热前应确认食品未变质,加热时中心温度应当高于 70℃,未经充分加热的食品不得食用。

食品及加工用具必须生熟标识明确、分开使用、定位存放。餐饮具、熟食盛器应在食堂或专用清洗消毒间消毒,消毒后保洁存放,符合卫生标准。使用的洗涤剂应当符合国家规定的标准。留样食品应当按品种分别盛放于清洗消毒后的密闭专用容器内,在冷藏条件下存放 48 小时以上,每个品种留样量不少于 125 g。

第三章 生活照护

　　生活照护是托育机构养育照护服务的重要内容，主要基于尊重儿童、安全健康、积极回应和科学规范的原则，为 2～3 岁幼儿营造温馨宽松的情感氛围，提供进餐、睡眠、如厕、盥洗等生活照料，培养幼儿生活自理能力及良好的卫生习惯。

　　本章节依据托班生活照护环节，按每班配 3 名照护者的比例，细化梳理了各自的职责分工及流程事宜，对于生活环境创设、回应性照护、家园协同共育等关键要点提供指导建议，并附以生动翔实的照护案例，以及不同类型托育机构生活作息作为参考，帮助托班照护者更深入地了解与执行托班生活照护。

第一节 晨检接待的情感氛围

　　《托育机构质量评估标准》将"情感氛围"作为评估托育机构保育照护质量的指标之一。照护者应基于尊重儿童的理念，以温暖、热情、关爱的态度与婴幼儿积极交往、互动，敏锐观察婴幼儿的情感需求，并通过恰当的方式及时回应，为他们提供适宜的情感支持。

一、照护活动组织

（一）托班照护人员的工作细则

　　早晨愉快入园，是一日生活的美好开始。照护者在幼儿入园的那一刻起，就需要与幼儿积极交流互动、及时回应并满足幼儿的情感需求，奠定一天在托生活温暖且积极的情感基调。幼儿健康检查通常也在晨间入园进行。晨间入园的照护人员分工安排可见表 3-1。

表 3—1　晨间入园的照护人员分工安排(不包括保健人员)

流程	照护者 A	照护者 B	照护者 C
前期准备	1. 开窗通风,做好班级环境的清洁工作 2. 分工擦拭,包括玩具、玩具柜、更衣柜、鞋柜、保育老师办公桌等		1. 消毒餐桌,清洁盥洗室、瓷砖墙面、地板等 2. 去食堂取早点牛奶
入托接待	1. 接待幼儿和家长,热情迎接每一位孩子入托 2. 协助晨检:观察幼儿身体状况,检测体温和喉咙 3. 引导幼儿向照护者问好,向家长告别	1. 在班级等待幼儿,引导幼儿放置自己的物品,照顾幼儿盥洗 2. 引导幼儿自主喝牛奶,喝完奶后自选玩具进行游戏	1. 协助幼儿盥洗 2. 协助幼儿自主取奶盒,喝完后自己将奶盒放到回收筐内

(二)情感氛围照护的关键要点

1. 温暖、尊重、积极的交往互动方式

(1)每位幼儿入托时,照护者热情地与他们逐一打招呼,主动蹲下微笑地接待他们,用动作和语言欢迎他们入园。

(2)经常对幼儿表达喜爱之情,如用语言表达赞扬和肯定,经常拥抱幼儿,与幼儿击掌、牵手表示亲近和鼓励。

(3)交流用语体现尊重,语气平和且耐心,经常用"请""谢谢",称呼每位幼儿名字,交流时尽量保持与幼儿视线持平的姿势(如下蹲、半跪,或一同坐在地板上)并与幼儿有眼神交流。

2. 及时、恰当地回应幼儿的情感需求

(1)照护者敏锐关注幼儿的情感需求,如果幼儿因分离焦虑、交往冲突等原因情绪低落时,照护者应首先对他们的情绪表示认同,然后给予适当的安抚和回应(将幼儿抱起来、轻抚、讲故事、一起玩游戏),再用话语引导的方式抚慰幼儿情绪(如转移注意力、正面激励)。

(2)理解2～3岁幼儿的年龄特点与个体差异,他们社会性交往需求逐渐增强,但社交技能可能尚不成熟,照护者应予以充分包容、耐心引导,用鼓励的眼光看待每位幼儿。

3. 家园协同共育提示

(1)提前向家长了解幼儿的兴趣爱好、性格特点以及家人称呼幼儿的昵称,创设温暖的情感氛围,有利于与幼儿进一步建立信任感和亲密感。

(2)每日入托时,照护者迎接幼儿的同时也对家长致以问候,并以口头或书面的形式与家长交流幼儿现阶段发展情况,做好家园信息沟通工作。

(3)如遇紧急情况,可请家长志愿者协助入托离托期间的交通疏导、秩序维护等职责。

二、照护案例及评析

(一)案例一:早上好

主人公1:宇宇　月龄:29个月

主人公2:小龙虾　月龄:30个月

第二个月开始,幼儿来园的情绪渐入佳境,不仅能愉快地告别,还能和爸爸妈妈约定"早点来接"……

清晨,佳佳老师在门口迎接幼儿来园,远远看到宇宇拉着妈妈的手走过来了,佳佳老师心中一喜,开心地叫着他的名字,轻轻地挥挥手:"宇宇,早上好呀!"宇宇看向佳佳老师,妈妈也积极回应佳佳老师的话:"宇宇,我们也向佳佳老师问个好吧!"随后妈妈大声说着"早上好",宇宇看了看妈妈,嘴巴也吞吞吐吐地说着听不清楚的"早上好",佳佳老师马上凑近他,给了他鼓励,说:"宇宇真棒,会说早上好了!声音真好听!"(见图3-1)

一会儿,充满热情的"小龙虾"来了,佳佳老师在原地蹲下,并张开双臂,同时呼唤着:"小龙虾,早上好!""小龙虾"见状,快活地挣脱了妈妈的手,跑了过来,扑进了老师的怀抱里。"和妈妈说再见吧,"小龙虾转过头边挥手边说,"妈妈再见!"(见图3-2)

图3-1　宇宇轻声地跟佳佳老师说:"早上好!"

图3-2　小龙虾开心地扑向佳佳老师的怀抱

👤 回应性照护解读

晨间入园环节开启幼儿在园生活的第一课,重点让幼儿感受到照护者的关爱,以消除焦虑情绪,从这个角度而言,就是让幼儿获得一种安全感、归属感,从而开启从容、自在的一日生活。所以照护者除了做好安全检查外,更应根据幼儿的不同气质类型,进行积极互动。

1. 建立照护者和幼儿间的情感联结

热情接待幼儿和家长,与幼儿亲切且充满爱意地打招呼,积极引导幼儿使用礼貌用语打招呼。同时积极回应幼儿的个别化需求,将家长特别交代的事情记录在册(如特殊照顾、物品交接等)。

2. 好习惯养成始于家园同步

案例中宇宇妈妈和照护者创设了温馨有礼的氛围,家长积极主动回应照护者,并能带动幼儿一起做,这就是家园同步的表现。照护者及妈妈的良好示范最终将帮助幼儿习得这一行为。

(二)案例二:书包宝宝的家

主人公:橙橙　月龄:30个月

橙橙入园还有些不适应,或是情绪起伏较大、爱哭闹,或是拿着自己的书包水杯念叨要回家,或是需要保育老师贴身陪伴,也不和小朋友一起玩。只要有人把他的书包水杯从他身上拿走,他就会号啕大哭。

看到这种情况,老师对他说:"橙橙,你看这个柜子上贴了一张照片,是谁呀?"橙橙停止了哭泣,定睛看了看说:"是宝宝。""对呀,这是专属书包宝宝的家,上面贴着你的照片,你看书包宝宝陪你一路了,我们让它休息一下好不好?"老师一边说一边打开柜子。橙橙这才愿意脱下书包,并自己将它放进了书包柜,然后问老师:"书包宝宝什么时候可以休息好?"老师笑笑说:"等到下午放学的时候书包宝宝就可以来陪你啦。"

老师又带他到水杯架旁边,对他说:"橙橙你看这是什么? 这个叫水杯架,是水杯宝宝的家,你看这上面放了好多别的小朋友的水杯,水杯架就放在这边,你可以看到的,是不是? 我们把水杯送回它的家,好不好?"橙橙点了点头,终于愿意把水杯放回了水杯架(见图3-3)。

看到他主动将书包水杯放下,老师奖励了他一个小红花贴纸,在全班面前表扬他自己把书包放进书包柜、水杯放回水杯架里,并和他说,如果明天来园也能自

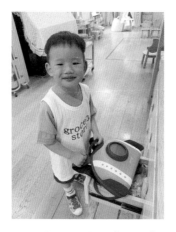

图 3-3 橙橙在照护者的陪伴下,自主放置书包和水杯

已把自己的书包脱下、水杯放下,可以再奖励一个贴纸。

👥 **回应性照护解读**

入园环节既要做好幼儿健康保健工作,也要注意对幼儿情绪做好安抚。对于入园焦虑的幼儿,照护者应根据幼儿的自身特点来分析原因,作出贴切的回应和适宜的照护。个案里的橙橙对托育园环境不太熟悉,和照护者、同伴之间尚未建立安全感,因此将情感寄托于自己熟悉的、从家里带来的书包和水杯上。

1. 创造有归属感的托班环境

为了鼓励幼儿适应入托,照护者借助为幼儿所熟悉的安抚物,在专属柜和座位上贴上幼儿照片和喜欢的贴纸。当幼儿行为有所进步时,照护者及时表扬给予肯定,促进幼儿建立和托班生活的情感纽带。

2. 将家园共育作为促进幼儿顺利适应托班生活的重要策略

初期来园时,照护者与家长及时沟通幼儿每天的入园状态,了解家庭亲子陪伴情况以及幼儿的兴趣爱好,从专业的视角为家长提供科学育儿方式,建议家长在家也鼓励幼儿独立放水杯、放玩具,促进家园养育照护的一致性。

第二节 顺应喂养的进餐照料

《托育机构保育指导大纲(试行)》在"营养与喂养"目标中提到,托育机构需要为幼儿提供安全、营养的食物,从而使幼儿达到正常生长发育水平,同时培养幼儿建立良好、健康的饮食行为习惯。

为了更好地提供进餐照料,建议照护者:

● 每日提供由多种食物合理搭配的平衡膳食;

● 引导幼儿认识和喜爱各种食物,了解不同食物具有不同的营养价值;

● 培养幼儿专注进食习惯和选择多种食物进食的能力;

● 培养2～3岁幼儿基本达到自主进餐,引导幼儿在点心和正餐时间协助成人分餐、摆放餐具。

一、照护活动组织

(一)托班照护人员的工作细则

在用餐环节,照护者可以与所有幼儿围坐在一起,鼓励幼儿自主进餐。进餐环境应卫生、整洁、舒适,餐前做好充分准备,按时进餐。保证幼儿情绪愉快,培养幼儿良好的饮食行为和卫生习惯。

照护者可采取顺应喂养的策略,帮助幼儿了解不同食物种类、品尝各种各样的食物味道、习惯不同类型的烹饪方式,同时学习符合社会文化规范的餐桌礼仪,逐渐养成伴随幼儿终身的良好用餐习惯。进餐照料的照护人员分工安排可见表3-2。

表3-2　进餐照料的照护人员分工安排

流程	照护者 A	照护者 B	照护者 C
餐前准备	组织幼儿进行餐前活动(食物认知、手指游戏等)并分组盥洗、戴上围兜	组织幼儿洗手,并在必要时予以帮助。关注需要上厕所的幼儿	取饭,为幼儿分餐,邀请愿意帮忙的孩子一起分发餐盘、水果、牛奶等
进餐时	1. 鼓励幼儿自主进餐,提供适合幼儿发展精细动作的餐具,并教他们正确使用 2. 提醒幼儿饭菜搭配吃,尽量不挑食 3. 照顾个别需要喂食的孩子		
用餐结束	1. 组织幼儿餐后散步 2. 和幼儿谈论今天吃的食物,如种类、味道、营养等	1. 让吃完饭的幼儿自己擦嘴,把餐具放到回收筐内 2. 引导幼儿饭后漱口、洗手	1. 做好餐后的清洁整理工作 2. 照顾个别进餐慢的幼儿 3. 去睡眠室为幼儿午睡做准备

（二）情感氛围照护的关键要点

1. 引导幼儿建立均衡饮食的健康习惯

（1）在餐前活动环节，照护者可以主动向幼儿介绍食物名称、种类及营养情况等相关信息，培养幼儿认识和喜爱各类食物。

（2）面对挑食、偏食、过量饮食的幼儿，采用适宜、科学、游戏化的方式及时予以纠正，不以食物作为奖励或惩罚措施。

（3）定时定点就餐，培养幼儿细嚼慢咽、坐姿端正、不浪费粮食、不拖延的进餐礼仪，进餐时长维持在 20~30 分钟。

（4）为班级有特殊需求的幼儿提供特殊膳食，如过敏替代餐等。

2. 营造安静、轻松、愉快的进餐氛围

（1）组织适宜的餐前活动，如放舒缓的音乐、讲绘本、玩手指游戏等，轻柔地与幼儿交流互动，避免幼儿情绪紧张或激烈运动，以免影响进餐积极性。

（2）根据每位幼儿的食量大小进行个别化分餐，在均衡饮食的前提下尊重幼儿进餐意愿、方式和节奏，引导幼儿自主感受饥饿感和饱腹感，切忌强迫喂食、催促干涉。

（3）进餐期间避免进行其他活动，培养幼儿专注进餐，以免干扰进食量和食物消化。

3. 培养幼儿自主进餐的生活自理能力

（1）2~3 岁幼儿基本达到自主进餐，照护者可以多用正向反馈、激励赞扬的方式，促进幼儿自主进食的积极性和自信心。

（2）这个年龄的幼儿乐意承担为集体服务的小任务，如餐前协助分发餐具、水果，餐后帮忙清理桌面和地板等。

4. 家园协同共育提示

（1）入托前应向家长了解幼儿有无过敏等特殊体质，若有制定特殊膳食的需要，请家长出具书面说明由保健人员统一管理，待过敏等症状消除需再次出具说明并收回之前的说明。

（2）通过家园信息交流平台，让家长知晓每周托班膳食食谱，向有特殊膳食需求的家长告知替代餐，并询问是否妥当。

（3）对每位幼儿的进餐饮食情况做好记录，如当日喝水量、进食量、进餐积极性和情绪等，并及时反馈给家长。

（4）组织成立有家长代表参加的膳食管理委员会，并定期召开会议，向家长

征求托班膳食的意见和建议。

二、照护案例及评析

(一)案例一:托育园的午餐真好吃

主人公:豚豚　月龄:30个月

今天我们的午餐是腐竹烤肉,莴笋胡萝卜炒蛋,夜开花木耳羹和芝麻海苔饭。在舒缓的音乐中,小朋友开始用餐,老师发现豚豚坐在位子上一动不动,于是老师走过去问:"豚豚,我们要吃午餐咯,不然小肚子会饿的。"豚豚摇了摇头说道:"我不要吃这个,这个不好吃。"老师记得豚豚爱吃海苔拌饭,于是又说道:"那我们先吃一下这个米饭吧,尝一尝味道,不好吃就不吃了。"豚豚接受了老师的邀请,尝了一口。"好吃吗?"老师问道。"好吃,我还要。"

于是一口接一口,米饭吃了一半,老师又建议说:"我们尝一尝这个肉吧。""我不要,我不要,这个不好吃。"豚豚的头摇得像拨浪鼓。老师用勺子把肉分得很小很小,说道:"托育园里肉的味道和家里的是不一样的,我们就吃这么一小块,要是你觉得还不好吃的话,我们再想想其他办法好不好?"豚豚不情不愿地吃了一口。"是不是很好吃?要不要再来一口。"老师问道。豚豚点了点头说道:"好吃好吃,我要吃肉肉!"

很快,腐竹烤肉就被豚豚吃光了。老师又说道:"豚豚,蔬菜宝宝也很有营养的哦。它会让我们的皮肤变得白白的、滑滑的,还会让我们的头发变得更有光泽,你想不想让自己的头发长得快一点,梳更多漂亮的辫子呢?""我要我要!"说着,豚豚自己拿起勺子大口地吃了起来,还把汤也咕噜咕噜地都喝完了。"豚豚真棒!蔬菜宝宝到肚子里会变成绿精灵,帮我们打败坏细菌,再也不生病!"豚豚吃完以后还舔了一下嘴角说:"太好吃了,托育园的菜菜太好吃了,我还要!老师,你拍照给妈妈看吧,我今天光盘了,我是光盘之星!"(见图3-4)

图3-4　豚豚因自己成为"光盘之星"感到自豪而喜悦

回应性照护解读

1. 从幼儿喜爱的食物和近阶段的兴趣着手

根据前期的家访,教师了解到豚豚是一个爱吃零食的小朋友,在家也经常吃海苔拌饭,因此,教师从她比较能接受的食物入手,引导她一口一口尝试。近期的豚豚非常爱美且喜欢梳辫子,因此教师从孩子的兴趣点入手,让孩子知道蔬菜营养丰富,对我们身体好,鼓励她吃蔬菜。

2. 鼓励幼儿尝试,将食物切分成合适的大小

腐竹烤肉相对来说颜色比较深,对于托班的孩子来说,在视觉上可能没那么喜欢,且肉类食物相对来说不容易嚼烂。因此,教师把肉分成小小的一份,跟孩子建立平等、可接受的链接,让豚豚先尝一小块,待豚豚品尝后发现是自己喜欢吃的,很快就能接受,并且吃完。

3. 引入适切的激励机制

对于班级吃饭积极的小朋友,教师不仅会以照片的形式展示在主题墙上,还会公布在家庭群中让家长看到,幼儿从中可以获得成就感和满足感,对于他们来说也是很大的激励。

4. 家园合作,开展食育活动

我们调查了每位孩子"我最爱的食物",幼儿通过和爸爸妈妈一起了解自己最爱的食物,认识到各种食物都有不同的营养,对身体健康都是有帮助的,教师借此来鼓励孩子更好地进餐,而这也让家长认识到不挑食偏食、自主进餐的重要性。

(二)案例二:公主王子汤

主人公:朵朵   月龄:31 个月

在舒缓的音乐声中,幼儿开始用餐,下午的点心是银耳红枣羹。朵朵看看银耳红枣羹,一动不动。于是老师走过去问:"朵朵,你怎么不吃呀?"朵朵说:"我不要吃这个。"老师听罢,就蹲在她身边说:"这个汤甜甜的,就像放了糖果一样好吃。"朵朵听了还是摇摇头。老师又接着说:"朵朵,你知道吗? 这个汤还有一个好听的名字叫'公主王子羹'"。一旁的多多听见了,疑惑地问道:"公主王子羹?"老师说:"对呀! 这是公主和王子最喜欢吃的点心,吃了就会变得像公主一样白白的,很漂亮!"朵朵也显得很好奇,拿起了勺子,舀起了一点点,尝了一口,老师马上跟着说道:"朵朵,你吃了是不是心情更好了呀,银耳红枣羹太有效了。"朵朵微微

一笑,又舀起了第二勺。就这样,朵朵一边吃着,老师一边说着变化,她也觉得越来越好吃,一下子就吃了一小碗,老师又问道:"朵朵公主,公主王子羹好吃吗?"朵朵笑嘻嘻地说:"好吃,我还要再来一点儿。"(见图3-5和图3-6)

图3-5 小朋友吃得津津有味,朵朵却还没有品尝一口

图3-6 朵朵还想再来一点儿"公主王子羹"

回应性照护解读

午餐、点心环节尤其要关注"幼儿吃得怎么样",引发幼儿对食物产生兴趣,就成功了一大半。所以照护者要根据每一个幼儿的性格特点、餐点喜好、身体情况、情绪状态等做出适时的引导,以生动有趣的方式引发幼儿对食物产生好奇、喜爱之情,同时还要做好以下几方面的工作。

1. 分析"不想吃"的原因

一方面,照护者不能强行让幼儿吃完所有的饭餐,应仔细观察幼儿进餐的情况,对出现厌食情况多角度思考,如观察幼儿身体状态,是否需要联系保健室检查;另一方面,可与家长取得联系,了解其不愿吃的真正原因。在综合多方信息的基础上,再做出个别化的交流与互动。

2. 尊重不同的进餐方式

家庭教育不同,会使得幼儿进餐呈现各种状况,照护者可分配一定的包干区域,确保关注到每一个幼儿,过程中不强迫喂食、不催促进餐,在尊重的基础上慢慢引导其正确使用餐具、不挑食偏食。

3. 随时添加饭菜

幼儿进餐时间较长,吃到最后饭菜会冷,因此少量多次添加饭菜,既可以维持幼儿进餐的兴趣,又可以让幼儿吃上热菜热饭。

第三节 温馨舒适的睡眠照料

《托育机构保育指导大纲（试行）》在"睡眠"目标中提到，托育机构需要为幼儿提供充足的睡眠休息时间，培养幼儿独自入睡和作息规律的良好睡眠习惯。

为了更好地提供睡眠照料，建议照护者：

- 规律作息，确保幼儿每日有充足的午睡时间；
- 引导幼儿自主做好睡眠准备，养成良好的睡眠习惯，培养生活自理能力；
- 睡眠过程始终看护、密切观察、防范危险；
- 定期消毒幼儿睡眠用具，保证睡床安全。

一、照护活动组织

（一）托班照护人员的工作细则

充足的睡眠有利于幼儿身心发展和下午活动的顺利进行。保育师可以为幼儿提供舒适、安全且温馨的午睡环境，培养幼儿独立入睡和规律作息的良好习惯。2～3岁幼儿白天睡眠次数减少到1次，午睡时长一般为2小时左右，可根据时节时令和幼儿个体差异进行调整。睡眠照料的照护人员分工安排可见表3-3。

表3-3 睡眠照料的照护人员分工安排

流程	照护者A	照护者B	照护者C
睡前准备	1. 和幼儿一起阅读绘本或唱摇篮曲或玩睡前游戏，以提示午睡环节即将到来 2. 引导幼儿分组如厕	1. 对焦躁不安的幼儿，进行单独抚慰 2. 引导如厕完成的幼儿脱鞋子并找到小床	1. 检查幼儿口中、手中是否有异物 2. 帮助个别幼儿脱鞋
	三位照护者分组照护，引导幼儿先脱裤子再脱上衣，在小床上躺下，将被子拉到脖子以下的位置		
午睡时	1. 轻柔安抚以帮助孩子入眠，安排两位照护者在午睡时进行巡视，确保睡眠时间至少有两位成人在场 2. 中途苏醒或有如厕、喝水等需求的幼儿，保育师予以及时回应和陪伴 3. 不睡觉和早起的幼儿，在指定的游戏区域做自己选择的事情		
午睡结束	1. 拉开窗帘、播放音乐，示意午睡时间结束 2. 帮助幼儿穿衣裤鞋袜，提醒幼儿如厕、洗手		准备下午需要的点心，让已经结束盥洗的幼儿前来取餐

（二）照护关键要点

1. 创设温馨、安静、舒适的睡眠环境

（1）光线柔和，但不过度遮蔽光线，能够看清每位幼儿的面部表情。

（2）温湿度适宜，环境温度宜为 22～26℃。

（3）睡眠环境安静，无明显噪音，以免干扰幼儿的睡眠。

（4）睡前活动以轻柔、舒缓为宜，避免激烈运动导致过于兴奋难以入睡。

（5）睡眠区空气流通，切忌有全封闭状态。

2. 引导幼儿规律作息，及时回应个体需求

（1）鼓励幼儿逐步学会按照集体作息时间进行午睡，按时入睡、准时起床。

（2）引导幼儿自主脱衣脱鞋袜、盖被子，做好睡眠准备，养成独自入睡的睡眠习惯。

（3）对于情绪急躁、入睡困难的幼儿，保育师应采取适宜的照护方式，安抚幼儿情绪，使其在温暖陪伴、耐心引导下平静入睡。

（4）如有幼儿中途需要如厕、喝水，照护者应及时回应、满足幼儿需求。

（5）尊重个体睡眠时长的差异，引导不午睡或早起的幼儿在指定区域安静玩耍、轻声细语，以免影响其他同伴，不采取强制手段强迫睡眠。

（6）对于不愿起床的幼儿，照护者可以轻声提醒，给他慢慢苏醒的时间，同时先照顾其他起床的孩子。

3. 重视睡眠卫生和睡眠安全

（1）幼儿有专属的睡眠用具，一人一床一被（垫），寝具定期消毒、干净卫生，无明显污迹。

（2）床铺之间相隔一定距离方便从中走动，便于照护者巡查，也方便幼儿中途醒来下床如厕。

（3）午睡过程全程有成人看护，随时巡视、观察每名幼儿睡眠情况（如呼吸、面色、睡姿、被褥遮盖情况等），避免发生危险，三位照护者均需做好午睡巡查登记。

（4）每个班级形成一份午睡照护须知，清楚罗列班级特殊幼儿的特殊情况，放于午睡室公告栏。

（5）幼儿上床前，照护者留意查看口中、手上是否有异物，确保床上无颗粒、尖锐物等危险物品。

4. 家园协同共育提示

（1）照护者提前向家长了解幼儿在家的睡眠习惯和睡眠方式。

（2）了解不同幼儿的自我安抚方式，入托初期可带喜欢的玩偶来园，抱着安抚物入睡。

二、照护案例及评析

（一）案例一：午睡爱哭的璎璎

主人公：璎璎　月龄：28 个月

璎璎入园有一段时间了，平时快乐、自信又活跃，但是每到午睡时间，保育老师们又要忐忑了，她会不会又不要睡？会不会又要吵着不要睡觉呢？

果不其然，午睡时璎璎有些许吵闹："我不要睡觉，我要等妈妈来接我""这不是我的被子"。老师走过去，轻轻抱住她："没事，我陪着你呀，你看还有小白兔玩偶呢！我们一起休息一会儿。"璎璎哭着喊道："我睡不着的，这里睡觉不好的。""嘘，你听，很好听的音乐，你抱着小玩偶，轻轻闭上小眼睛。我们不睡觉，欣赏一会儿音乐，但是不能影响到别人。"璎璎的脸上露出了一丝微笑："那我不要睡觉，就听听音乐，好吗？"见此，她已经妥协一步，老师立刻坐在她的小床旁边，轻轻拍拍她的身体，摸摸小眉毛（她睡觉的习惯）。不一会儿，她就呼呼睡着了。

起床后，老师通过音乐、语言、贴纸等不同方式进行表扬："今天，璎璎特别厉害，睡觉没有哭很久，听着音乐，安静地在小床上等待，后来璎璎睡着了，进步很大，要给一个大大的奖励。"璎璎听到表扬，不好意思地笑了，小眼睛一直看着老师。

> **回应性照护解读**
>
> **阶段一：轮番上阵，复刻家庭抱睡方式**
>
> 通过家园沟通，照护者了解到璎璎在家是保姆抱着入睡的，当离开家进入托班的时候，环境和照护者都发生了变化，因此有些焦虑，导致入睡困难。所以前期午睡期间是保育师以抱睡的方式进行安抚（见图 3-7）。当璎璎适应午睡抱睡的时候，再由前期的抱睡改成娃娃伴睡，逐渐过渡到独立入睡（见图 3-8）。在这期间，照护者将床位进行了调整，既不影响别人，也方便观察她，提供回应性照护。
>
> **阶段二：安抚宽慰，建立幼儿安全感**
>
> 在三位照护者的共同配合下，璎璎的午睡情况逐步好转。舒缓的背景音乐、保育师"不睡觉，只是听听歌"的心理建设，让原本对睡觉有抵触心理的璎

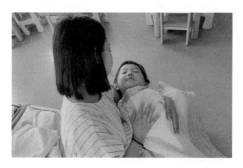

图3-7　刚入园时,照护者提供像家一样的入睡环境,帮助幼儿建立安全感

图3-8　等幼儿适应在园午睡后,照护者适时退位,培养幼儿自主入睡的生活习惯

璎,听到以后逐渐放松心情。久而久之,她愿意主动躺在床上,等待保育师的安抚入睡。

阶段三:逐步退位,培养幼儿自主入睡

有前几周的铺垫,照护者逐渐抽身,把午睡自主权还给孩子。尽管不再被紧紧搂着,但璎璎哭的时间也缩短了,对午睡没有起初那么抗拒,表情渐渐放松,可以和保育师轻快聊天,最后自己在小床上睡着。

回应性照护,是"温柔而坚定"地回应。拥抱她发泄、哭闹的情绪反馈,倾听幼儿内心声音,在理解、分析和阶段性的尝试中,不仅让保育师更有针对性地回应性照护,也共筑了更为坚固的家园桥梁,用实际行动来彰显照护者的专业性。

(二)案例二:保育老师来帮你

主人公:亮亮　月龄:29个月

午睡过程中,老师每15分钟就会起身巡查一遍,刚坐下来就听到了"嘤嘤嘤"的声音,好奇"是什么在发出声音",老师循声走过去,只见刚刚睡得很熟的亮亮在床上"手舞足蹈"着,身体不断地蠕动着,闭着眼睛,一副烦躁的样子。只见他双手抓脖子、抓头皮、抓脸蛋,老师见状马上意识到亮亮"转觉"时间到了,就蹲在亮亮身边,轻轻握住了他的手,这样一来亮亮显得更急躁了,他开始双脚踢被子。老师意识到他是不是在做梦,还是说被窝太热了而不舒服。于是老师开始轻声安抚:"亮亮,别急别急,吴老师帮你抓抓痒。"老师一边抚摸着被他抓红的脖子、脸蛋,一边帮他轻轻松了松被窝:"亮亮肯定热了,我们打开一点儿被窝。"(见图3-9)很显然被窝太紧了让他不舒服。亮亮渐渐安静下来,老师继续一手轻揉被抓过的地方,另一只手轻轻抚摸亮亮的后背安抚情绪,持续10分钟后,亮亮又沉沉入睡了(见图3-10)。

图3-9 照护者发现亮亮热了,及时给孩子松被子散热

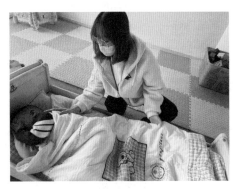
图3-10 照护者轻揉亮亮的背,亮亮又安稳入睡了

回应性照护解读

睡眠环节看似风平浪静,实则状况多多,应给予更多的照护工作。它是幼儿调整身心的重要环节,因此要创设温馨的睡眠环境,更要用爱心、细心和耐心去回应幼儿在午睡过程中出现的多种状况。

第一,珍视"特殊节点"。 案例中的亮亮每次午睡都会"转觉",都伴随各种急躁行为。照护者就要留意这个特殊节点,采用轻声安慰、轻抚身体部位等方式来缓解他的急躁,逐步引导他放松地入睡。每个孩子都会有自己的特殊节点,必要时可以做好记录,以便及时做好照护工作。

第二,落实间歇性巡查。 随时巡视幼儿入睡情况,纠正不良睡姿。妥善应对午睡中的突发情况,如被梦惊醒,应轻声安抚、稳定情绪;如大小便解出,及时清洗幼儿身体并更换衣物、床褥;如提前醒过来,稍作安抚后可带领出午睡室。从这个角度而言,午睡更考量着照护者的智慧。

第四节 培养自主的如厕照料

《托育机构保育指导大纲(试行)》在"生活与卫生习惯"目标中提到,托育机构需要按照照护规范,有意识地引导幼儿主动如厕,逐步培养良好的自我服务能力。

为了更好地提供如厕照料,建议照护者:

- 鼓励幼儿表达排尿、排便需求;
- 尊重每位幼儿的个体差异,提供适宜的坐便器;
- 及时肯定幼儿如厕方面的进步,意外"尿裤子"时不应言责体罚。

一、照护活动组织

(一)托班照护人员的工作细则

对于2～3岁幼儿,照护者可根据其发展水平进行科学合理的如厕自理能力培养,利用同伴榜样示范、相关绘本、游戏化形式等多途径进行教育渗透,帮助他们建立如厕的初步认知。如厕照料的照护人员工作内容可见表3-4。

表3-4 如厕照料的照护人员工作内容

流程	照护者
如厕准备	1. 在一日活动过渡环节,提醒幼儿是否有如厕的需求 2. 引导需要如厕的幼儿到卫生间,协助幼儿脱裤坐上便盆,提醒个子较小的孩子握住旁边的扶手,确保坐稳、安全如厕
如厕时	如厕练习阶段的幼儿,照护者耐心陪伴在身边,不催促、不言责。当幼儿顺利如厕时,照护者及时夸奖和肯定,激发幼儿成就感和积极性
厕后整理	1. 表扬幼儿顺利如厕,为幼儿从前往后、轻柔擦拭臀部 2. 协助幼儿整理衣裤,提醒幼儿如厕后洗手 3. 照护者做好卫生清洁工作,处理完幼儿的大小便或清洁好坐便器,都要用肥皂将手洗干净

(二)照护关键要点

1. 创设安全、整洁的如厕环境

(1)设置便于幼儿自主如厕的设施,坐便器或蹲位旁有可以借力的扶手,小便器和洗手池旁有可以垫脚的小凳子或平台。

(2)将便盆放在固定位置,照护者可以将如厕流程以贴纸的形式贴在便盆

旁,强化幼儿对如厕的认知。

（3）卫生间通风良好,地面保持干燥,幼儿如厕后及时清洗。

2. 尊重个体差异,在鼓励、支持的情感氛围中培养幼儿如厕技能

（1）幼儿生理成熟存在个体差异,如厕练习也因人而异,应充分尊重每位幼儿在如厕认知、时间、方式上的个体差异性,不强迫、干涉如厕进程。

（2）通过榜样示范法、教育渗透法、反复练习法、督促提醒法、家园共育法等强化方式,培养幼儿如厕自理能力。

（3）2～3 岁幼儿自主意识逐渐增强,可以为幼儿提供自主选择机会,例如让幼儿自己选择喜欢的如厕方式,选择坐便盆还是小马桶。

（4）当幼儿如厕能力获得进步时,照护者及时称赞和肯定;当幼儿如厕有困难时,照护者提供恰当的帮助和鼓励。

3. 当幼儿发生尿裤子等突发情况时,采取适宜的照护方式

（1）理解 2～3 岁幼儿的自我服务意识还不够强烈,游戏太投入导致来不及上厕所而尿裤子属于正常现象,照护者不应言责,更不能因此惩罚。

（2）情感回应与支持。通过语言、动作、神情等及时安抚幼儿情绪,偶然一次尿裤子"没关系",避免幼儿产生挫败感和心理压力。

（3）重视幼儿个人隐私,如在独立空间更换衣裤,及时清洗有污渍的衣物。

（4）用恰当的方式与家长沟通,共同做好幼儿情绪安抚工作,避免打击幼儿如厕的积极性和自信心。

（5）如果尿裤子情况时常发生,照护者应予以重视并从多个角度思考原因,及时与家长协商共同解决问题。

4. 家园协同共育提示

（1）照护者可以提前向家长了解幼儿在家的如厕习惯,以及家庭如厕训练情况,制订家园一致的如厕培养计划,共同加强幼儿的自主如厕能力。

（2）提醒家长为幼儿选择宽松、方便穿脱的衣裤,便于幼儿顺利如厕。

（3）注意观察幼儿大小便情况,如有异常,如血尿、便血、腹泻、便秘、尿频等,及时向保健医生汇报情况,并告知家长。

二、照护案例及评析

（一）案例一:尿裤子也没关系

主人公:佑佑　月龄:34 个月

佑佑在班上属于内向型的孩子,平时也比较沉默寡言。今天自由活动的时候,一一过来激动地说:"老师,地上有很多水!"老师跟随她来到座位旁边,看见一一旁边坐的正是佑佑。只见佑佑一动不动地坐着,也不玩手里的玩具了。

意识到有可能是佑佑尿裤子了,于是老师先让其他小朋友坐下来继续玩玩具,让一一也暂时坐到其他地方。然后老师蹲下来悄悄地询问佑佑:"佑佑,没关系,有什么困难和老师讲好吗? 老师可以帮你。"

可是小家伙低下头,讲不出话来。看见佑佑两腿夹得紧紧的,老师就悄悄地问:"佑佑,你是不是尿裤子了?"他也不答话,只夹紧双腿。老师对他讲:"没关系,我们去擦一下,换一条干净裤子就好了,来,我们先去厕所吧。"小家伙紧紧抓着老师的手去了厕所。

在给他换裤子的时候,老师和佑佑说:"尿裤子没关系的,老师小时候也总是尿裤子,你刚才是不是喝了很多水呀?"他点了点头。老师说:"下次如果再有小便,记得提前和老师说,不要憋着,我们一起去厕所小便就好啦,好不好呀?"他轻轻地回答道:"好的。"

回应性照护解读

孩子入园两个多月了,基本的生活、学习、常规都已经熟悉。这个月龄的幼儿也能较好地控制自己。可是天气转冷,孩子衣服都穿得厚实,解小便脱裤子不方便,而且天气冷,幼儿如厕反应没有秋天时候灵敏,所以尿裤子的现象增多了一些。佑佑小朋友就是其中典型的一例。佑佑因为月龄小,自理能力较为薄弱,动作也比较缓慢,情绪容易紧张,近段时间小便解出的概率较大。另一方面,佑佑性格较内向,但自尊心比较强,表面虽没说什么,可是心里却很排斥小朋友用异样的眼光来看他,进而更加重了他尿裤子的行为,导致他更沉默寡言了。

照护者可以从以下三点来培养幼儿自主如厕的习惯。

1. 安慰、关爱孩子,缓解孩子的紧张情绪

照护者一定要耐心地告诉孩子,尿裤子不是什么大事情,很多孩子小时候都会尿裤子,长大后自然就不会了。而不是一味地责怪孩子,这样反而加重孩子的心理负担。

2. 引导孩子遇到问题或者困难多向照护者或家长沟通

孩子因为过于内向,对尿裤子担心害怕又从不说出来,照护者应该鼓励孩子说出自己心中的想法和感受。家园共育方面,可以让家长以科学、耐心

的方式,鼓励孩子在家自主如厕,平时照护者也要多与家长沟通,多肯定少批评,培养孩子自信独立的品格。

3. 托班一日生活中,照护者应经常询问孩子的如厕意愿

当幼儿可以主动告知,并独立如厕时,应该及时鼓励和表扬。相信经过反复多次练习,幼儿能够掌握自主如厕的方法和技能。

(二)案例二:小便池里的嘘嘘

主人公:小易　月龄:29.5个月

小易入园适应的几天里,整天都穿着尿不湿,而且尿不湿里都是鼓鼓的。户外活动前,老师再次提醒幼儿做好如厕的准备,并跟着小易进入卫生间,只见他试着去扒拉了一下裤子,但没扒拉下来,显然以往都是成人代劳的,他不再尝试,而是耸了耸肩好奇地张望着其他男孩子解小便。

老师见状就凑过去,蹲下来:"小易,老师帮你拉裤子,好吗?"他点点头。老师和他一起走到无人的尿池边,握着他的小手,一边说着脱裤子的儿歌,一边一起用力往下拉……"拉拉拉,刺溜刺溜,哈哈,裤子坐滑梯,滑下去了。"小易看着滑落的裤子,笑了起来。老师顺势接着说:"把身体靠近便便池。"边说边轻推,帮助他靠近尿池。"嘘,嘘……小易的尿出来了。"他低下头认真地看着自己尿尿。不一会儿,小易大声喊:"王老师,我尿好了!"老师迅速帮助他整理好小裤子,"裤子宝宝爬楼梯,噜噜噜噜爬上来!"随后就竖起大拇指对他说:"小易会在小便池小便,真棒呀,每天都要这样做哦!"

从那以后,每天小易都会让老师帮助他"滑滑梯""爬楼梯",相信不久之后,他也一定会养成独立如厕的好习惯。

回应性照护解读

在孩子走向独立的过程中,如厕是非常重要的过程。在这个过程中孩子会学习到如何用自己能够接受的方式来控制身体的技能,而这就需要照护者根据幼儿当下的情况,让幼儿逐步学会控制某些动作,从自我服务的合作者(如可以用劲、抬腿等)到独立的自我服务者迈进。

1. 鼓励自立尝试

照护者可以帮助自我服务有困难的幼儿,如擦屁股、穿裤子、洗手、卷袖子、擦毛巾等,在帮助其完成的同时,逐步示范指导,直至幼儿学会自理。如

案例中,照护者以有趣的方式帮助幼儿理解穿脱裤子的过程,并用肢体带动他一起做,从而让幼儿初步学会穿脱。

2. 给予情感鼓励

理解幼儿小步递进的过程,欣赏幼儿每天的变化与发展,及时给出鼓励与奖励,从而巩固幼儿的成长。如当幼儿能够在便池小便时,照护者没有"袖手旁观",而是因参与这个过程而高兴,同时和幼儿获得情绪上的共鸣,促进其自主感的形成。

第五节 清洁卫生的盥洗照料

《托育机构保育指导大纲(试行)》在"生活与卫生习惯"目标中提到,托育机构需要为幼儿提供学习盥洗、穿脱衣物等生活技能的机会,培养幼儿良好的生活自理能力和卫生习惯,包括:

- 以卫生规范的程序引导幼儿正确盥洗;
- 引导幼儿养成餐前便后洗手、户外回来洗手的卫生习惯;
- 引导幼儿在社交场合正确打喷嚏和咳嗽。

一、照护活动组织

(一)托班照护人员的工作细则

盥洗照料包含洗手、洗脸、漱口、擦嘴巴等环节。照护者应为幼儿建立良好的卫生习惯,鼓励幼儿自主盥洗,培养幼儿自我服务意识和生活自理能力。盥洗照料的照护人员工作内容见表3-5。

表3-5 盥洗照料的照护人员工作内容

流程	照护者
盥洗准备	1. 提前告知幼儿要进行洗手/洗脸/漱口,引导幼儿到盥洗室 2. 调试水温,尤其是冬天,将水温调至适宜的温度
盥洗时	1. 照护者示范正确的方法,如七步洗手法和漱口方法 2. 鼓励幼儿自己洗手、洗脸、漱口,引导幼儿挽起袖子、开关水龙头
盥洗整理	1. 指导幼儿关闭水龙头,帮助整理衣裤 2. 引导幼儿擦完小手和嘴巴,把毛巾放到回收筐,将漱口杯放回置物架

（二）照护关键要点

1. 创设干净明亮、便于幼儿操作的盥洗环境

（1）盥洗间光源充足、空气流通，水龙头可调节冷热水。

（2）洗手池墙壁安装一面镜子，方便幼儿观察自身盥洗前后的变化。

（3）物品的放置方便幼儿独立操作，如肥皂盒、毛巾、漱口杯等。

2. 有意识地培养幼儿自我服务的能力

（1）设计符合2～3岁幼儿年龄的自我照护方法，如编唱洗手儿歌、漱口童谣，模拟游戏化情境，引导幼儿正确盥洗的步骤和流程。

（2）观察幼儿自主盥洗情况，对个别动作不到位的幼儿提供恰当帮助。

3. 培养幼儿良好的卫生习惯

（1）通过反复提醒、环境浸润等方式，让幼儿知道餐前便后要洗手，户外回来要洗手。

（2）照护者以身作则、榜样示范，潜移默化地引导幼儿建立良好的文明习惯，如用正确方法擤鼻涕、打喷嚏要捂口鼻、不随地乱扔垃圾、进行垃圾分类投放、帮助清理收拾桌面等。

4. 家园协同共育提示

（1）照护者与家长沟通幼儿在托的盥洗方式，养成良好的自我照护及健康卫生习惯。

（2）鼓励家长在家时尽量让孩子自己洗手、洗脸和漱口，幼儿可做的事情尽量让他们自己做。

二、照护案例及评析

（一）案例一：袖子湿掉的背后

主人公：馒头　月龄：31个月

进入深秋，幼儿的衣服多起来了，洗手就成了一件麻烦事儿。老师总会提前帮助能力弱的幼儿拉好袖子再洗手，好几次洗手后，"馒头"的袖口、胸前总是湿漉漉的。老师开始有意识地观察"馒头"的洗手行为，只见他打开水龙头，水流很急促，他试着调整了一下，水流一下子变小了。然后他在花朵泡沫洗手液上一按，手心里充满了泡沫，一会儿搓手心，一会儿搓手背，还会转转手指头，最后快速冲洗泡沫。本以为他会去擦手了，没想到他又打开水龙头，突然身体前倾，手肘撑在水盆边沿,一只手指伸进了水龙头里,"滋"的一下,水珠子溅了起来,钻进了他的袖口、脖子里,喷到了胸前、脸上,顿时引来一阵开心的笑声(见图3-11)……老师被他的行为惊到了,一边引导他关上水龙头,一边回应他:"馒头,好玩吗? 洗完手了吗?"馒头摇摇头又点点头。"小水珠怎么都跳到外面来了?"馒头笑眯眯地看着老师。老师又接着说:"小水珠它喜欢在水槽里,它可不想跳出来,馒头下次要管住小水珠,不要让它乱跳了,好吗?"馒头惊讶地看着水龙头,点点头。

图3-11 洗手时,馒头喜欢玩一玩水,玩一玩泡沫,觉得很有趣,结果却把袖子弄湿了

回应性照护解读

盥洗环节重在提升幼儿自我服务意识与能力,每一个生活环节对幼儿而言,都不是简单的事情,需要照护者一对一地帮助与指导,慢慢放手让其完成自我服务,从而让幼儿获得满足感与胜任感。如何逐步放手呢? 以下三点很重要。

1. 从一对一、手把手学习开始

照护者可以从示范、帮助开始,支持幼儿逐步学会卷袖子,用洗手液搓手、清洗。及时制止幼儿玩水,以免弄湿衣服。冬天时可用温水洗手,以保护幼儿稚嫩的小手。

2. 巧妙应对每一个"突发状况"

照护者应理解并接纳幼儿在独立尝试过程中出现的种种状况,要巧妙制止,更需要在日后的生活活动中持续观察与跟进,帮助其养成良好习惯。

3. 学会使用自己的物品

照护者需要引导幼儿认识自己的独特标记,学会辨认自己的物品,如水杯、毛巾等,避免因为拿错了而造成交叉感染。

(二)案例二:咕噜咕噜爱漱口

主人公:豚豚　月龄:30个月

小朋友们进餐完成后,豚豚跑到吴老师身边说:"吴老师,我的牙齿上有东西,难受。"吴老师蹲下来问豚豚:"你张开嘴巴,我看看是什么东西呀?"豚豚听了便张开嘴巴,让吴老师看看牙齿上到底沾了什么东西。原来是今天午饭汤里的菜残渣留在豚豚的牙齿上。吴老师和豚豚说:"我们一起去照镜子看看。"说着他们一起走进盥洗室,吴老师让豚豚对着镜子张开嘴巴,让豚豚自己对照自己牙齿上的菜残渣。

吴老师对豚豚说:"豚豚,牙齿上是不是有黑黑、绿绿的东西呀,这是'会吃牙齿的小怪兽'。有它在,我们的牙齿是不是很难受呀?"豚豚点点头说:"是,我不要小怪兽。"吴老师说:"那我们一起消灭掉小怪兽好吗?"豚豚大声说好。吴老师牵着豚豚拿上喝水的小杯子,灌了一点儿温水,和她一起来到镜子前,吴老师对豚豚说:"豚豚,这个是水精灵,把水精灵喝进嘴巴,并发出咕噜咕噜的声音,让水精灵用好听的歌声打败小怪兽好吗?"豚豚自己拿着水杯,含了一口水在嘴里,但是还没等发出咕噜咕噜的声音就把水咽下去了。

吴老师再次为豚豚示范如何发出声音,这次让豚豚把水含得少一些,接着吴老师又让豚豚自己试了一次。只见她鼓起腮帮子,发出咕噜咕噜的声音,之后吴老师对豚豚说:"把水精灵吐掉吧。"豚豚就把水吐掉了,然后豚豚说:"绿色的小怪兽出来了,牙齿不难受了。"吴老师笑着对豚豚说:"那是因为水精灵打败了小怪兽,下次如果再遇到小怪兽,记得来漱口哦。"(见图3-12)

图3-12　豚豚在照护者的提醒下饭后漱口

托育园进餐与吃点心后,难免嘴巴里、牙齿上有食物残渣,需要照护者及时提醒幼儿清理口腔。漱口是一种方便快捷的清洁口腔的方法。可是有些幼儿不愿意漱口,又有些幼儿不会漱口。为了保证幼儿的口腔清洁和牙齿健康,照护者抓住饭后时机进行教育,利用"小怪兽与水精灵"的故事来引导,激发幼儿清洁口腔的愿望,引导幼儿学习漱口的方法,督促幼儿逐步形成良好的卫生习惯。

家园共育在漱口照护上可以有以下三点策略:

① 在托育园,照护者可以示范诵读《漱口》的儿歌,讲解儿歌的内容,提示幼儿这首儿歌告诉了我们漱口的方法;

② 照护者可以讲述《小熊拔牙》的绘本故事,让幼儿明白我们需要保护牙齿,知道了吃完东西需要漱口,了解到不漱口的危害;

③ 在家中,幼儿容易依赖父母,家长可以多引导幼儿进行独立饭后漱口,让幼儿初步养成保护牙齿的良好卫生习惯。

第六节　2~3岁幼儿托班生活作息参考

本书依据2~3岁幼儿年龄特点以及照护需要,提供全日制托班和半日制托班的作息时间安排,供托育机构根据自身提供的托育照护服务类型加以参考,提供计时托、临时托等照护服务的托育机构可参照执行。

根据《托育机构质量评估标准》,托育机构在制定幼儿生活作息安排表时,需要注意:

● 注重年龄特点及个体差异,尽可能满足每位幼儿的照护需求;

● 保证幼儿在托生活作息兼具规律性和灵活性,各项内容时间安排相对固定,帮助幼儿熟悉入托生活的流程;

● 从一个环节到另一个环节的过渡组织有序,幼儿没有无所事事、消极等待的现象。

一、全日托作息时间安排

全日托班一般提供一餐两点,即一次午餐和两次点心,并在幼儿午餐结束后提供午睡照料、下午照护及游戏活动。每年5~10月采取夏令时间,11月至第二年4月采用冬令时间。

2~3岁幼儿托班的一日生活作息包含以下两方面。

● 生活照护环节:包括进餐、睡眠、喝水、盥洗和如厕等照料活动,其中保障幼儿2小时的午睡休息,如厕、盥洗及喝水等贯穿于一日各环节当中,根据幼儿需求提供回应照护(见图3-13)。

● 发展支持环节:包括集体活动、小组活动及自由游戏等室内外游戏活动(见图3-14至图3-17)。幼儿活动形式以自由分散游戏为主、集体小组活动为辅,其中保障幼儿每天至少有2小时的户外活动时间,以及3小时的身体活动时间。

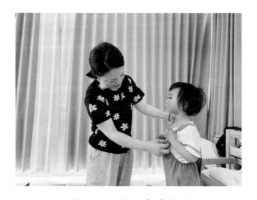

图3-13 托班起床护理

图3-14 托班户外活动环节

a

b

图3-15 和小伙伴一起玩

图3-16 托班宝宝玩敲敲打打的游戏

图3-17 冬天晒太阳的托班宝宝们

(一) 2～3岁幼儿一日作息时间表(夏令时)

2～3岁幼儿全日托班夏令时的作息时间安排,详见表3-6。

表3-6 全日托夏令时作息安排

时间	活动环节	活动形式	
8:30之前	晨间接待	健康保健	自由游戏
8:30～9:30	发展支持	户外活动:活力时光	
9:30～10:00	生活照护	上午点心	
10:00～10:15	发展支持	集体活动:圈圈地板	
10:15～10:45		自由游戏:我选我玩	
10:45～11:00	生活照护	餐前准备	
11:00～11:30		午间进餐	
11:30～12:00		户外散步	
12:00～14:30		午睡休息	
14:30～15:10		下午点心	
15:10～15:40	发展支持	小组活动:小小探究	
15:40～16:15		户外活动:活力时光	
16:15以后	离园活动	整理活动	有序离园

(二) 2～3岁幼儿一日作息时间表(冬令时)

2～3岁幼儿全日托班冬令时的作息时间安排,详见表3-7。

表 3-7　全日托冬令时作息安排

时间	活动环节	活动形式	
8:45 之前	晨间接待	健康保健	自由游戏
8:45～9:45	发展支持	户外活动:活力时光	
9:45～10:15	生活照护	上午点心	
10:15～10:30	发展支持	集体活动:圈圈地板	
10:30～11:00		自由游戏:我选我玩	
11:00～11:15	生活照护	餐前准备	
11:15～11:45		午间进餐	
11:45～12:15		户外散步	
12:15～14:30		午睡休息	
14:30～15:10		下午点心	
15:10～15:40	发展支持	小组活动:小小探究	
15:40～16:15		户外活动:活力时光	
16:15 以后	离园活动	整理活动	有序离园

二、半日托作息时间安排

半日托班一般开放时间为 4 小时左右,提供一餐一点,即一次午餐和一次点心,幼儿在午餐结束后陆续离园。每年 5～10 月采取夏令时间,11 月至第二年 4 月采用冬令时间。半日托每天保障幼儿 1 小时以上的户外活动时间,幼儿活动形式以自由游戏为主、集体小组活动为辅。

(一)2～3 岁幼儿半日作息时间表(夏令时)

2～3 岁幼儿半日托班夏令时的作息时间安排,详见表 3-8。

表 3-8　半日托夏令时作息安排

时间	活动环节	活动形式	
8:30 之前	晨间接待	健康保健	自由游戏
8:30～9:30	发展支持	户外活动:活力时光	
9:30～10:00	生活照护	上午点心	

续　表

时间	活动环节	活动形式	
10:00～10:15	发展支持	集体活动:圈圈地板	
10:15～10:45		自由游戏:我选我玩	
10:45～11:00	生活照护	餐前准备	
11:00～11:30		午间进餐	
11:30～12:00		户外散步	
12:00～12:30	发展支持	小组活动:小小探究	
12:30 以后	离园活动	整理活动	有序离园

(二)2～3岁幼儿半日作息时间表(冬令时)

2～3岁幼儿半日托班冬令时的作息时间安排,详见表3-9。

表3-9　半日托冬令时作息安排

时间	活动环节	活动形式	
8:45 之前	晨间接待	健康保健	自由游戏
8:45～9:45	发展支持	户外活动:活力时光	
9:45～10:15	生活照护	上午点心	
10:15～10:30	发展支持	集体活动:圈圈地板	
10:30～11:00		自由游戏:我选我玩	
11:00～11:15	生活照护	餐前准备	
11:15～11:45		午间进餐	
11:45～12:00		户外散步	
12:00～12:30	发展支持	小组活动:小小探究	
12:30 以后	离园活动	整理活动	有序离园

第四章　发展支持

　　《托育机构质量评估标准》指出,托育机构需要根据婴幼儿的月龄特点、幼儿实际发展情况以及个体差异,组织多种形式的活动,以促进幼儿动作、语言、认知、情感与社会性等身心全面发展。

　　本章节按照第一章梳理的 2～3 岁幼儿发展特点,将托班活动分为"圈圈地板"的集体活动、"小小探究"的小组游戏、"我选我玩"的自由游戏和"活力时光"的户外活动。每个板块相应阐述了活动组织形式、主题内容示例、活动指导要点,以及照护者助推幼儿发展的策略与路径,为托班保育人员在制订活动计划、组织活动实施等方面提供实践思路。

第一节　集体活动：圈圈地板

一、游戏活动组织

(一)托班照护人员的工作细则

　　地板游戏能为幼儿创设温馨熟悉的舒适氛围,该环节鼓励所有幼儿一起谈论或玩游戏,让每一位幼儿感受到自己是受欢迎的,提升幼儿对集体生活的归属感和同伴交往的兴趣。照护者和幼儿围坐在一起,"圈圈地板"的主题形式可以有谈话活动、故事活动、成长册活动、节气活动和整理活动等。"圈圈地板"的照护人员分工安排见表 4-1。

表4-1 "圈圈地板"的照护人员分工安排

流程	照护者A	照护者B	照护者C
活动准备	1. 设置固定的音乐,预告集体活动即将开始 2. 让幼儿拿上自己的软垫,来到活动区域,围坐成一圈	1. 帮助动作较慢的幼儿搬运软垫 2. 协助照护者A准备活动材料(照片贴墙、玩具放筐等) 3. 拍摄幼儿照片和视频,做好活动记录	

流程		
活动示例	根据每日主题组织集体活动,观察幼儿感兴趣的话题和事物	
	谈话活动	幼儿围绕特定主题谈论,如喜欢的食物、动物,或是周末发生的事情,让孩子们更好地了解彼此,萌发团队意识。照护者通过倾听和提问来支持幼儿之间的对话
	故事活动	借助手指玩偶或道具演绎故事情节,也可以邀请感兴趣的幼儿一同进行角色扮演
	相册活动	每个幼儿都有专属的成长手册,邀请幼儿与大家分享自己的家庭相册,大家围坐在一起,指着相册里的人物聊一聊
	节气活动	围绕当下天气或节气、节日展开讨论,如"今天外出该穿什么""下雨天应该怎么出门""中秋节人们做什么"等,激发幼儿对天气变化、添减衣物的思考,以及对传统节日和社会文化的初步感知
	整理活动	鼓励幼儿一起整理物品、打扫房间,检查所有教玩具材料是否归位并摆放整齐,班级环境是否干净整洁

活动结束	1. 播放结束提示音乐,引导幼儿帮忙整理玩具,并将自己的软垫放回置物筐里 2. 提醒幼儿分组进行如厕、洗手、喝水等自我服务

(二)照护关键要点

1. 创设温馨有序的集体活动环境

(1)托班宜多开展地板游戏活动,照护者可以将软垫摆在地上围成一圈,或是铺一张地毯,让幼儿按自己的想法坐在地毯上。

(2)采用固定的开始和结束仪式,让幼儿熟悉活动环节和流程。

(3)在置物架或玩具筐贴上图式标签,让幼儿明白每个玩具的摆放位置,便于活动结束后协助归纳和整理。

(4)天气条件允许的情况下,可以将"圈圈地板"活动迁移到户外空间。

2. 尊重每位幼儿的个性表达,对幼儿需求给予及时回应

(1)照护者应兼顾所有幼儿获得发展支持的机会,关注每位幼儿的体验情绪,鼓励他们积极参与和表达。

（2）引导幼儿了解社交规则，当幼儿分享或谈论时，照护者可以提醒其他幼儿保持安静、注意倾听。

（3）积极鼓励幼儿思考，并正向肯定幼儿的个性表达。当有幼儿提问时，照护者及时回答幼儿的问题，并将答案融入活动里。

3. 家园协同共育提示

（1）向家长解释让孩子准时入园的重要性，以便让孩子适应集体活动。

（2）周一谈话活动可请幼儿分享周末发生的事情，照护者提前让分享的幼儿家长将周末活动的照片打印出来，并于周一早晨让孩子携带入园。

二、游戏案例及评析

（一）案例一：巧虎找朋友

主人公：欢欢　月龄：28 个月

"圈圈地板"时间到，大家围坐在圆形地毯上，开始了每天的"点名时光"（见图4-1）。这时，老师看到平时不爱说话的欢欢，手里还抱着最喜欢的"巧虎"，于是顺势就邀请道："欢欢，今天请你带着巧虎来找朋友好吗?"他看着老师点点头，于是，老师就边说边挪动身体坐在了欢欢的身后。接着，老师弹着琴，和幼儿一起唱："找，找，找朋友，找到一个××做朋友!"并引导欢欢把巧虎送给被唱到的小朋友，欢欢一眼就找到了那个小朋友，但是行动没跟上，于是老师陪同他一起用巧虎与小朋友握握手，说："你好!"大家显得格外激动与热情，都大声地与巧虎打招呼。接下来和好几个小朋友的互动都是老师和欢欢一起做，过程中能明显感受到欢欢声音响亮起来了，做得更主动了，随后老师就撤回到了圈圈里，只用语言引导，到了最后，欢欢能主动地带着巧虎找朋友了（见图4-2）。点名环节的最后，大家一起感谢了巧虎，也感谢了欢欢，欢欢格外开心，觉得真好玩。

图4-1 "圈圈地板"时间到了，照护者和孩子们围坐在一起做起了小游戏

图4-2　点名时光,欢欢带着巧虎和好朋友握手,脸上露出了灿烂的笑容

回应性照护解读

"圈圈地板"时间尤其凸显"我们在一起真快乐"的感受,获得一种集体归属感,也能够增进同伴间的认识与了解。照护者需要带上一些灵感,让每天都在重复的点名时光变得"新鲜",更加有趣好玩,同时这一活动也是幼儿学习的一个绝好时机。

第一,营造"同时在场"的温馨感。照护者和幼儿,人人都要参与点名环节,幼儿同样可以点名照护者。在宽松温馨的交谈氛围中做好开始一日生活的积极准备。

第二,最大限度让幼儿获得愉悦感。圈圈点名及其活动方式有创新的变化,最大限度吸引幼儿主动参与,形成良好的师幼互动,照护者通过倾听、观察,采取合适策略引导幼儿逐步发展,获得愉悦的情绪。

第三,觉察行为背后的可能原因。照护者应从幼儿的回应中觉察其今日的状态,对于状态不佳者通过家园互动了解其原因并形成解决对策。

(二)案例二:绘本故事《小猪你在哪儿》——捉迷藏

这篇案例是集体活动,班级幼儿月龄在27个月至35个月之间。

集体活动时间,老师带着孩子们在草坪上讲《小猪你在哪儿》的故事(见图4-3)。

老师:"你们看,图片上有谁呀?"大有:"大灰狼!"琳琳:"还有小猪!"

老师:"它们在干什么呀?"楠楠:"做游戏。"熙熙:"是好朋友!"玥玥:"你看你看,小猪藏起来了。"老师:"为什么你觉得小猪藏起来了呢?""我看到它的尾巴

图4-3 照护者和孩子们在户外坐着玩游戏

了。"呦呦:"它们玩捉迷藏的游戏吧!"

于是老师模仿着大灰狼的声音:"小猪,3,2,1,小猪你藏好了吗? 我要来找你咯!"小朋友们也跟着老师一起模仿大灰狼粗粗的声音说道:"小猪,我要来找你咯!"(见图4-4)

图4-4 根据绘本故事玩捉迷藏游戏,孩子们不约而同躲在了树丛后面

老师:"咦,小猪藏到哪里去啦? 我们帮助大灰狼一起问问它吧!""小猪,你在哪儿?"老师刚把故事书翻到下一页,孩子们便急忙跑上来用手指出了小猪藏身的位置。老师又引导孩子们用语言表达出来,"你们看看,小猪藏在哪呢?"妹妹大声喊道:"藏在草丛里,这是它的耳朵!"老师:"对哦,小猪的耳朵没藏好,被发现啦,这次它要再换个地方藏起来,我们看看它找了什么地方吧!"

当老师拿起手,做好呼喊的动作时,小朋友们立马跟上,一起大声地喊道:"小猪,你在哪儿?"跟着故事书,他们和大灰狼一起,找到了每一个小猪藏的地方。

老师:"你们想不想和小猪一起玩捉迷藏呀?"大有自告奋勇:"我要当大灰狼!""当然可以呀!"话音未完,大有就用手遮住了自己的眼睛,"你们快藏起来,我来喊1,2,3……"说着,孩子们一起跑到了草丛里蹲下,低下了头。哼哼跟旁边的小朋友说:"我不看他,他就找不到我,嘘……"大有:"你们藏好了吗? 我要来找咯!"一边说着,一边偷偷地睁开了眼睛,拉着老师的手一起去找同伴们。

妹妹抬起了头,和大有正好对视,大有一边跑过来,一边嘴里喊着:"妹妹,你在哪儿?"妹妹跳了起来:"我在这儿!"大有能说出班级里所有小朋友的名字,和妹妹一起,开始了"拔萝卜,拔萝卜,嘿哟嘿哟拔萝卜"的新游戏,把每个小朋友从地上"拔萝卜"似的找了出来。

回应性照护解读

今天的集体活动围绕孩子们感兴趣的绘本故事展开。照护者带着适合托班孩子的故事书和地毯,来到了草坪上,一边晒太阳一边讲故事,以生动有趣的语言和孩子互动,在故事结束后孩子们自发地提出,想要玩里面的"捉迷藏"游戏。在适合的户外场地中,孩子们能够运用故事中的语言进行找、藏活动,有一定的生活经验,并且在故事结束后有游戏的拓展,让幼儿的兴趣持续。在听故事以及游戏的过程中,有如下发现。

第一,孩子们喜欢"模仿"和角色扮演,符合托班幼儿的年龄特点。他们能够认真地沉浸在照护者创设的情景中,有的扮演大灰狼,有的扮演小猪,并且模仿不同动物特有的动作和声音,具有敏锐的观察力。孩子的世界是天真的,小猪和大灰狼也可以是好朋友,在游戏的过程中,他们会有"我看不见你,你也看不见我"的想法,也会有"你快来找我呀",急切地希望被找到的想法。

第二,孩子的游戏具有场景"随机性",能够自主联系日常生活经验。比如游戏时,孩子们在"捉迷藏"的过程中自主地唱起了"拔萝卜"的歌曲,把蹲着的小朋友从地上"拔"起来,游戏的兴趣十足。又如故事中是"3,2,1"的倒计时,但在实际游戏时孩子们是"1,2,3"的正向数数。

第三,建议照护者"倾听"孩子的想法,幼儿喜欢的游戏和绘本故事可以重复演绎。捉迷藏是2～3岁幼儿普遍喜爱的游戏。躲起来的孩子将自己假想成故事里的"小猪",紧张而兴奋;负责寻找的幼儿则扮演"大灰狼"的角色,找到"小猪"的时候激动而有成就感。照护者可以根据幼儿在该阶段的兴趣爱好,多多提供类似的游戏场景,为幼儿创造嬉戏玩耍、同伴交往的机会。为了增加游戏的趣味性和可玩性,成人可以为孩子创设游戏的情景,在教室里,在户外,在哪儿都可以玩,也可以增加头饰等道具。

（三）案例三：成长册分享——"我真棒"

这篇案例是集体活动,班级幼儿月龄在 26 个月至 36 个月之间。

今天,老师和小朋友们围坐在一起,借助成长册谈论幼儿在家发生的事情,分享各自的成长和快乐(见图 4-5)。

图 4-5 照护者与幼儿一同谈论成长册里记录的生活点滴

在谈话前,老师先播放音乐,孩子们收拾玩具后,拿起垫子,有序地围坐在一起。"小朋友们,10 月份的成长册爸爸妈妈和你们共同完成了,让我们看看大家都做了什么开心的事情呀?"说着,老师翻到安安的相册:"安安,你的成长册里有什么呀?"安安说:"有我吃饭的照片。""那妈妈为什么把你在家里吃饭饭的照片贴上去呀?""妈妈说我在家里把饭饭都吃光了……"

老师趁机夸奖安安:"安安真棒,把饭菜都吃完,不浪费粮食,身体也能棒棒的。"之后,老师请乐乐上来,就着图片指认安安当天吃的饭菜。乐乐对着图片一个一个说道:"有黄瓜、青菜、胡萝卜、肉肉,还有……还有鱼……""谢谢乐乐告诉我们。大家看,安安吃的饭菜是不是种类很多?有各种蔬菜和肉,营养也很丰富哦。"

说完,老师又拿出相对应的食物卡片,"接下来请晨晨和哈哈一起送这些食物宝宝回家,看一看哪些食物属于蔬菜,哪些属于肉类呢?"于是,晨晨和哈哈一起上前,将对应的食物卡片归类。老师肯定了他们的做法:"每种食物都有不同的营养,安安在家把饭菜都吃完了,我们也要向安安学习,做个不挑食、不浪费的好宝宝哦。"

老师又拿起上上的成长册:"上上,这里为什么贴了一辆小汽车?"

上上回答："我最喜欢小汽车了，我家里有很多车车。""哇，上上是汽车迷呀，你是不是认识很多小汽车？"老师出示不同场景下的交通工具图片："请上上说说看，这里你最喜欢什么车呀？"上上："救护车！"老师问："那你知道救护车是干什么的吗？"上上马上大声回答："它是运输病人的，能很快把人送到医院……"老师："是的，救护车可以救助伤员或者生重病的人，将他们很快送到医院治疗。大家看看，这里还有其他什么车子呀？"瑶瑶："还有消防车。"辰辰："警车！"……

老师向小朋友们竖起了大拇指："小朋友们真棒，已经认识很多交通工具了，下次我们带上家里的汽车玩具，一起互相交换玩一玩，好不好呀？"孩子们听了都很高兴，纷纷说好。

老师介绍完幼儿成长册的特色和亮点后，总结了幼儿们的分享，发现他们在成长册中的"成就"，积极引导和发展幼儿们的学习。

回应性照护解读

幼儿成长册书写着幼儿的七彩童年，也是他们一路成长的珍贵点滴的记录。托班保育老师与家长共同用照片和文字记录着幼儿的学习、生活和游戏。每周"圈圈地板"时间，可以安排成长册交流的固定活动。

第一，成长册分享帮助照护者了解幼儿、走近幼儿、读懂幼儿。照护者给予每位幼儿平等、自由和开放的谈论机会，通过成长册可以捕捉每位幼儿现阶段的兴趣特点，以及每个家庭的亲子陪伴方式，在日常养育照护中也可以根据个体差异因材施教。

第二，谈话活动能够促进幼儿语言、社会性、认知等多领域发展。成长册的交流和分享，可以让幼儿体验分享的愉悦感和被接纳的成就感。当一位幼儿在分享的时候，照护者可以提醒其他孩子保持安静、认真倾听、尊重他人。当有的幼儿不愿意开口的时候，照护者可以耐心引导、予以启发，鼓励幼儿勇敢表达。

第三，照护者针对成长册内容，提前准备相应的玩具和材料，提升谈话活动的教育性和可参与性。案例中安安的成长册贴着家里吃饭的图片，照护者请安安分享当天情景后，又让其他幼儿参与到这一主题中，如指认图片中的食物、将食物卡片归类等，拓展幼儿的认知，在自我意识觉醒的关键期，培育幼儿观照他人的意识。

第二节 小组游戏:小小探究

一、游戏活动组织

(一)托班照护人员的工作细则

托班的"小小探究"活动主要是指由照护者发起,为幼儿提供感官探究的引导性游戏,如美术、音乐、运动等领域活动。在该环节中,每位幼儿享有自主探究各种感官材料的机会,重在体验探究过程的乐趣。"小小探究"的照护人员分工安排见表4-2。

表4-2 "小小探究"的照护人员分工安排

流程	照护者 A	照护者 B	照护者 C
活动准备	1. 带领幼儿前往专门的活动探究室(如有) 2. 分组进行活动	1. 协助照护者 A 准备活动材料(照片贴墙、玩具放筐等) 2. 拍摄幼儿照片和视频,做好活动记录 3. 帮助和照顾个别幼儿	
活动示例	根据每日主题组织引导性游戏		
活动示例	"涂涂画画":美术手工	幼儿可以尝试各种材料进行艺术创作,如用手按压颜料,用喷壶喷洒有颜色的水,用自然材料进行拼贴等	
活动示例	"跑跑跳跳":运动体能	组织幼儿在不同材质的运动器械上,从不同角度探索感知自己的身体,练习一些平时少做的动作,如爬走、翻滚、弹跳、攀登等	
活动示例	"敲敲弹弹":乐器演奏	为幼儿提供适宜探索的乐器,如手摇铃、鼓、沙锤、三角铁、铃鼓、棒铃等,让幼儿感受不同乐器的音色特点,同时锻炼手部精细动作	
活动示例	"唱唱动动":音乐律动	幼儿聚在一起唱歌,或按自己的想法随着音乐摆动身体,挥动手里的道具。让幼儿聆听保育老师播放或弹奏的乐曲,讨论琴声大小、音调高低、表达的情感	
活动结束	1. 组织幼儿将器械、道具、材料放回原处 2. 分组进行盥洗,有序喝水		

(二)照护关键要点

1. 创设鼓励幼儿操作与探索的探究环境

(1)美艺功能室提供围兜、罩衣、工作服等防护衣物,提供颜料、黏土、海绵、画笔等绘画工具,也可以准备涂鸦墙供幼儿创作。

(2)运动功能室做好充分的防护措施,器械以软包为主,铺好保护垫和游戏毯,搭建柔软、安全的运动场地,即使幼儿在运动时摔倒也没有关系。

(3)在班级放置一架钢琴,可以让每个幼儿前来拨按琴键,引导幼儿倾听彼此弹奏的琴声。

2. 关注幼儿活动体验,鼓励亲身体验、动手操作

(1)尊重每位幼儿的个性,接纳不同幼儿的个性化表现方式,激发幼儿的想象力和创造力,鼓励多元化的创造,不预设统一标准。

(2)通过启发式提问倾听幼儿的想法,如问幼儿绘画图形的含义,面对幼儿呈现的作品或结果,应多肯定少批评。

(3)关注幼儿情感和兴趣。当个别幼儿对活动失去兴趣时,照护者及时引导,提高幼儿参与的积极性;当多数幼儿感到无聊时,照护者应停止活动。

3. 家园协同共育提示

(1)将幼儿的作品展示给家长,并附上幼儿的创作想法和照护者的评价,帮助家长站在孩子的视角读懂孩子的作品。

(2)针对运动能力或动手能力较弱的幼儿,与家长及时沟通,鼓励幼儿在家加强体能和精细动作练习。

二、游戏案例及评析

(一)案例一:玉米"烤焦"了

主人公:轩轩　月龄:32个月

涂涂画画活动中,使用的材料是各种颜色的橡皮泥和玉米形状的卡纸。每张桌子一份彩色橡皮泥,幼儿自选后将橡皮泥捏成小小的玉米粒,按在玉米卡纸上。吐司做了紫色的玉米粒,思思做了黄色的玉米粒,可可做了红色的玉米粒,佳佳做了彩色的玉米粒(见图4-6)……每个孩子制作的玉米都有着自己的喜好。当老师走到轩轩身边,惊讶于他居然用黑色橡皮泥在做玉米粒。"有黑色的玉米吗?"老师的脑海中闪过一个问号,但并没有制止他,而是凑近询问道:"轩轩,你的玉米与众不同,怎么是黑乎乎的呢?"轩轩也定睛看了看自己的玉米纸,回答道:"我告诉你,那是因为玉米烤焦了。""哦!"老师顿时明白了他的想法,顺势回应道:"原来是你的玉米烤焦了啊,怪不得我闻到一股焦焦的味道。"轩轩继续认真地捏着黑色橡皮泥(见图4-7),于是老师不再打扰。

图4-6 孩子们都想做一个"彩色的玉米"

图4-7 轩轩做了一个"烤焦的玉米"

回应性照护解读

在"小小探究"的时光里,我们能够清晰地看到不同幼儿的不同经验、学习品质及能力,照护者通过观察、分析了解幼儿的发展现状,同时对照发展标准形成幼儿个体发展计划,并渗透于日常逐步培养中,凸显了"育"的价值。这里十分考量照护者的专业能力,即不仅能倾听、看懂幼儿,还能精准发展目标,唯有如此,才有落地的可能。

第一,成为最熟悉幼儿的人。熟悉指向于了解托班幼儿的年龄特点和学习方式:在接触外界事物时,处于多感官体验,用眼看、手摸、嘴尝、耳听、闻味等五感来对事物建立认知的阶段。案例中轩轩的"烤焦的玉米"是他"已有经验"的产物,他的创造具有情境性,这是经验的迁移运用,是更有意义的学习过程。所以,这种熟悉让我们离儿童更近一步。

第二,相信幼儿是有能力的学习者。理解每个幼儿都有独到的思考,以一对一倾听等方式了解幼儿的真实想法,接纳每一个"奇思妙想",并有智慧地积极回应,引发幼儿更多的学习行为发生。

(二)案例二:大雨和小雨

这篇案例是小组探究活动,幼儿月龄在30个月至36个月之间。

最近班上孩子们对玩具柜上的各种乐器很感兴趣,经常在空闲时候聚在柜子前摇摇这个沙锤,敲敲那个棒铃,纷纷产生探究的动机。于是老师决定顺应孩子们的兴趣,组织乐器探究的小组活动。

首先,通过活动促进孩子们构建对各类乐器的具象认知。老师拿起其中的沙锤说:"宝贝们看看,这个沙锤长得像什么呀?"葡萄组的芊芊不假思索地回答:"像大鸡腿!"老师被芊芊的回答逗笑了:"确实很像我们吃的香喷喷的大鸡腿。那怎样才能让这个大鸡腿发出声音呢?"苹果组的宁宁自告奋勇,接过老师手里的沙锤,拿住沙锤柄使劲摇晃。接着老师又拿起了一旁的铃鼓:"大家还记得这是什么乐器吗?"木木说:"铃鼓,陈老师很喜欢用的。""木木说得对,这是铃鼓,摇一摇就能发出声音了。"

老师左手拿起沙锤,右手拿着铃鼓,先摇一下沙锤,再摇一下铃鼓,"我们用小耳朵听听看,这两个乐器的声音一样吗?"小朋友们纷纷说:"不一样。""那我们再听听看,哪一个乐器像下大雨一样,摇起来声音很响,哪个乐器像下小雨一样,摇起来声音很轻呢?"芊芊指着铃鼓说:"这个声音响。"老师夸奖芊芊之后,注意到苹果组的平平有点走神,于是老师走到她身边,请她摇了摇两个乐器,让她分辨哪个乐器发出的声音更像小雨点、轻轻的。平平说,沙锤的声音更轻。

活动最后,老师让两个组别的孩子们都上前拿起喜欢的铃鼓或沙锤进行尝试,跟着节拍一起有节奏、有韵律地摇晃手里的乐器。

回应性照护解读

2～3岁幼儿喜欢各类探究活动,探究自己做的动作与物品形态变化的因果关系。照护者注意到幼儿对陈列的乐器产生了浓厚的兴趣,于是组织了乐器探究活动。在活动实施过程中,有如下发现。

第一,幼儿能将眼前事物与实际生活经验相结合。幼儿不像成人受到概念思维的束缚,他们看到沙锤,尽管不知道乐器的专业名称,但是可以直观地联想到平日里吃的大鸡腿。照护者在组织探究类活动时,也可以参照幼儿的具象思维,重体验、轻概念,侧重于鼓励幼儿操作和感受,降低认知领域的课程目标,激发幼儿想象力和创造力。

第二,用形象生动的语言引发幼儿的思考。比较不同乐器声音轻重时,照护者引入"像大雨一样声音响""像小雨一样声音轻"的场景,把抽象的"轻"和"重"迁移为形象的"小雨""大雨",能引导幼儿更直观地辨别和判断(见图4-8)。

第三,环境创设方面,给陈列的乐器添上装饰,吸引孩子们的兴趣。例如,为铃鼓贴上笑脸,给沙锤柄绑上蝴蝶结,增添乐器的趣味性(见图4-9),吸引幼儿在自选时间选择操作。

图4-8 孩子们体验和比较不同乐器的特点及使用方式

图4-9 为铃鼓贴上笑脸,给沙锤柄绑上蝴蝶结,吸引孩子们的注意

根据活动的组织细则,照护者也讨论了进一步深化幼儿探究活动的策略。例如,幼儿拿着沙锤摇晃的时候,照护者可以启发"为什么摇一摇,沙锤就能发出声音"的思考,与幼儿一同探究乐器发声的缘由和奥秘,并且一同用盒子、碎石子、植物种子制作"发声沙球",培养幼儿的动手操作能力,从而使其对乐器有更直观的认识。

第三节　自由游戏：我选我玩

一、游戏活动组织

（一）托班照护人员的工作细则

托班的"我选我玩"系列活动是指幼儿自主选择、由幼儿发起的游戏。2～3岁幼儿喜欢重复基本的游戏动作（如通过扔、敲、旋转等动作探索物品的功能属性），从游戏中获得学习经验。此外，该年龄阶段的幼儿开始尝试早期的角色扮演，试图模仿成人言语和行为（如家庭成员、托班照护者等），并与其他同伴交往互动。这是幼儿成长过程中的重要阶段，他们通过角色游戏来学习如何解决问题。"我选我玩"的照护人员分工安排见表4-3。

表4-3　"我选我玩"的照护人员分工安排

流程	照护者 A		照护者 B	照护者 C
活动准备	1. 根据幼儿发展水平和兴趣，创设不同功能的游戏区角，满足幼儿探索和游戏欲望 2. 照护者与幼儿交流当天的游戏选择，让幼儿自选区角进行游戏。游戏形式、参与游戏的人数、材料的使用、单个游戏的时长等均不受限制，幼儿可以在任何时候决定从一个区角转移到另一个区角 3. 照护者在幼儿需要引导的时候参与游戏，在其掌握方法后退出并在一旁观察，做好照片拍摄和记录			
活动示例	根据幼儿兴趣创设游戏区角			
		角色游戏区	提供幼儿生活中的常见场景及日常用品，供幼儿角色扮演和与同伴互动。每件物品没有特定的使用方式，可以根据幼儿设定的场景灵活变更（如一块积木可以是喂娃娃的奶瓶，可以是打电话的手机，也可以是孩子们做的糕点）。当幼儿角色游戏遇到困难时，照护者可以适当介入并予以启发	
		建构游戏区	提供不同颜色的积木、不同难度的拼图、不同形状的拼插等建构材料，供幼儿自由选择。幼儿拼搭完成后，可以请幼儿描述拼搭的物品名称和用途，引发幼儿拿着作品去其他区域继续延伸游戏	
		操作游戏区	提供若干锻炼幼儿精细动作的操作盘，可以将操作游戏的桌台靠墙摆放，让幼儿背对人群进行操作，这样可以专注于自己的游戏动作。操作游戏的材料先由照护者示范，幼儿掌握后可根据当天的兴趣自由选择	

绘本游戏区	提供硬板书、机关书、发声书、软纸书等符合 2～3 岁幼儿年龄特征的多种类型绘本,用开放性书架摆放,可让幼儿选择是自主阅读还是让照护者陪同阅读
活动结束	1. 整理收纳。与幼儿一起将游戏材料归类放置 2. 交谈回顾。与幼儿谈论今天在活动中玩了什么、和谁一起玩、发生了什么事、是否玩得开心 3. 分组进行盥洗,有序喝水

(二)照护关键要点

1. 创设氛围自由、材料丰富的游戏环境

(1)自主游戏的活动室应大而宽敞、明亮整洁,可让幼儿自由活动、穿梭自如。

(2)为幼儿提供适宜该年龄发展的、幼儿感兴趣的玩具和真实材料,多选择低结构材料、生活常用品和自然材料,以满足幼儿游戏需要。

(3)材料放置整齐有序,准备透明的塑料盒并贴上所存放物品的照片,做好标记,便于幼儿整理归类。

(4)2～3 岁幼儿逐渐喜欢角色扮演游戏,可复制一些生活常见场景,如厨房、商店、娃娃屋、交通场景、建筑工地等。

2. 观察、回应、引导幼儿游戏,助推幼儿游戏经验

(1)观察幼儿经验发展和感兴趣的游戏主题,做好观察记录,可将感兴趣的主题迁移到"圈圈地板"或"小小探究"的集体/小组活动中,根据对幼儿的观察推断下一阶段需要哪些材料以支持幼儿学习与发展。

(2)明确参与、介入幼儿游戏的时机。当照护者认为需要启发幼儿使用材料进行新的游戏方法时,可参与游戏并做提示,一旦幼儿掌握了该方法,照护者应适当退出,让幼儿自由游戏。

(3)照护者个性化观察提示:幼儿对什么类型的游戏感兴趣? 动作、语言、认知、社会性及情感等各领域发展水平如何? 游戏室的空间规划是否合理? 游戏材料的投放需要做哪些调整?

3. 家园协同共育提示

(1)照护者可以与家长分享幼儿现阶段感兴趣的区域和游戏,帮助家长对幼儿发展水平和兴趣爱好有更直观、清晰的认知。

(2)可以与家长交流观察记录,讨论幼儿发展较好的领域,以及需要加强的

领域,并制订家园共育方案与计划。

二、游戏案例及评析

(一) 案例一:这是我的家

主人公:林一/乐宝　月龄:34 个月/35 个月

今天上午区域游戏的时候,林一、乐宝坐在地毯上拼拼搭搭,不一会儿,一珩看见了也拿着积木过来拼拼搭搭了。看着他们不动声色地搭起来,夏老师并没有过去打扰他们。等搭了好一会儿,积木已见雏形,林一抬头跟夏老师说:"夏老师你看,这是我搭的。"夏老师便问道:"你们在搭什么呀?"

一旁的乐宝没说话,继续低头往上搭积木。林一抬头说:"这是我的家,夏老师你家在这里吗? 你住这里吗?"夏老师点了点头,笑着说:"我家在三楼,你找找看。"林一指着第三块积木,开心地说道:"是这里吗?""是的呀,就是这里。你住在哪里呢?"夏老师问林一。林一一边笑一边说:"我也住这里。""那我可以去你家做客吗?"夏老师问道。林一害羞地说:"可以呀。"说着他拿出黄色积木说道:"这是橙汁,给你喝。""哇,太美味了吧,是酸酸甜甜的橙汁。"夏老师高兴地说着。

这时候,乐宝也听到了,她从娃娃家拿来了炒蛋,给夏老师吃。"有这么多的食物,我们用积木搭一个桌子吧,来放这些食物。"夏老师建议道。林一拿着积木走过:"我来搭。"乐宝也开始拿积木动手搭建,他们在食物的下方放了一块积木当作桌子,开始炒菜品尝(见图 4-10)。

图 4-10　林一和乐宝一起搭建摆放食物的桌子

回应性照护解读

1. 对2～3岁幼儿游戏与发展的把握

2～3岁幼儿在建构游戏中的表现,基本遵循从"最初的无意识摆弄"到"有计划地实现自己的意愿"的发展过程,即依照"先做后想——边想边做——先想后做"的次序发展。因此,照护者一开始没有着急介入,而是在一旁观察,给予幼儿足够的自我搭建和探索的时间。当幼儿产生互动需求时,再通过提问对话的方式,引导幼儿对作品进行有意识、有目的的塑造和构建。尽管托班幼儿的搭建能力较为稚嫩,但通过不断尝试、调整策略,可以让游戏不断深入和延续。

2. 尊重幼儿的年龄特点,并温柔引导幼儿深入游戏

在最初的建构游戏中,孩子们只能分别搭建自己的作品,随着建构能力以及社交能力的提高,才会产生两两合作的现象。因此在游戏过程中,照护者没有强制幼儿进行合作,而是通过对话和互动,为幼儿游戏形式的创新给予引导和启发。

3. 建构游戏与角色扮演相结合,丰富幼儿游戏体验

该年龄阶段的幼儿已萌生初期角色扮演意识,喜欢将积木替代为场景里的物品,如将橙色积木视为橙汁,圆形积木当作汤圆。因此在建构游戏中可以穿插角色扮演游戏,既能丰富幼儿的游戏体验,也能促进语言、社会性等多领域的发展。

4. 建构区材料类型上,注重日常生活用品的投放

除了积木、乐高、磁力条等常规建构材料,照护者还可以向家长收集奶粉罐、矿泉水瓶等生活用品,为孩子们搭建提供更多可能,同时也可为父母提供家庭亲子游戏的创新思路。

5. 下一阶段建构游戏区的策略

照护者观察到幼儿在游戏时经常引入汽车场景,对交通工具有浓厚的兴趣。因此,根据孩子们的兴趣和需要,后期会再投放汽车轨道、交通信号灯等材料,引导幼儿进一步游戏与发展。

(二)案例二:卖棒棒糖喽

主人公:朵朵　月龄:31个月

伴随着轻音乐,幼儿正沉浸于自由进区游戏中,阿宝正在认真地钓着鱼,

悠悠正在给妈妈打电话,棒棒正在给小汽车排队,品品穿梭于各个区域之间……突然,和谐的氛围被"卖棒棒糖了,卖棒棒糖了"的声音给打破了,原来朵朵拿着表演区的几个小沙锤,在费力地叫喊。见状,薯条也拿着沙锤和思思一起喊起来……持续了大约 15 秒,有 3 个小朋友跑过来看了看他们手中的"棒棒糖",还是走开了。于是,老师凑上去询问:"你好,老板!请问棒棒糖是什么口味的?"朵朵马上说道:"草莓味的。"薯条也立刻跟着说:"我的是柠檬味的。"老师又问:"那多少钱一根?"朵朵说:"1 元。"薯条说:"20 元。"老师说:"那我买一根草莓味和一个柠檬味的棒棒糖吧!"一听到老师说要买了,他们俩抢着往老师怀里送"棒棒糖"(见图 4-11),然后又马上去寻找其他"棒棒糖",收钱的环节也省略掉了。这时,在一旁看了许久的悠悠走过来,小声跟朵朵说:"我要这个。"朵朵很开心,马上递了过去(见图 4-12)……然后,老师坐在一旁吃着"棒棒糖",静静地观察着他们的游戏。

图 4-11　两个小朋友抢着把"棒棒糖"卖给照护者

图 4-12　一旁的悠悠也过来买"棒棒糖"啦!

在"我想我玩"环节,给予幼儿充分的自由是关键。在确保材料、环境、空间安全的情况下,应给足幼儿摆弄、操作、尝试的机会。这个年龄段的幼儿也在经历着探究学习,照护者最重要的工作在于做好观察与适时介入(干预)。

第一,以游戏者的身份参与其中。玩伴的身份使照护者更容易与幼儿亲近,更能直接发现幼儿的游戏状态,如对所处的游戏阶段进行判断,是旁观、独立游戏,还是平行游戏阶段,然后基于现状做好干预的积极准备。

第二,提供高低结构融合式材料。托班幼儿的游戏更侧重于探索和摆弄物体,"以物代物"开始出现,因此应提供仿真性玩具以引发游戏情节发生,也应提供低结构材料支持幼儿多种想象、创造与模仿。

第三,适时介入和适时退出。案例中照护者敏锐觉察介入时机,以生动有趣的方式参与其中,并在适宜的时候退出游戏,放手让幼儿自主游戏,并观察游戏后续进程。

第四节 户外活动:活力时光

一、游戏活动组织

(一) 托班照护人员的工作细则

"活力时光"的户外互动是托班幼儿生活的重要部分。充实的户外游戏可以让幼儿获得丰富的发展经验和技能。在寒冷的冬天,照护者可以带领穿着保暖的幼儿户外活动一小段时间;在炎热的夏天,照护者可以让幼儿在阴凉处或玩水处游戏。幼儿可以在户外活动时有自主选择游戏的机会,如翻滚、爬行、匍匐前进、四处走动、学步、行走、攀爬、跑步、挖掘、涂画、角色扮演、搭建、交谈、骑行、滑动等。托育机构应鼓励幼儿用感官去探索自然材料和游戏材料。照护者在该环节主要负责安全保障,并参与孩子们的游戏。"活力时光"的照护人员分工安排见表4-4。

表4-4 "活力时光"的照护人员分工安排

流程	照护者 A	照护者 B	照护者 C
活动准备	1. 选择安全的区域进行户外活动,组织幼儿热身 2. 注意动静交替,集体活动与自由活动相结合	1. 巡视户外场地,为每位幼儿背后插入擦汗巾 2. 协助照护者 A 准备户外材料	1. 将幼儿水壶带到户外场地 2. 照顾速度较慢的幼儿 3. 协助照护者 A 准备户外材料
活动进行	1. 根据天气安排活动量,关注幼儿精神状态及出汗情况 2. 关注每位幼儿的运动量,根据运动量安排适宜的活动以及个别化照护	1. 协助照护者 A 开展活动,带一组幼儿进行分组活动,或对需要帮助的幼儿进行个别化指导 2. 自由活动环节,参与幼儿的游戏	1. 如遇意外受伤的幼儿,需及时带去保健室处理伤口 2. 拍摄幼儿照片和视频,做好活动记录 3. 提醒和照顾个别幼儿
活动结束	1. 引导幼儿一同收拾和整理户外材料 2. 清点人数,带领幼儿回班 3. 回到班级,与幼儿回顾户外活动,将拍摄的照片和幼儿交流分享		将幼儿水壶带回班级,并做下一环节的准备、清洁和消毒工作

（二）照护关键要点

1. 创设安全、有趣的户外环境

（1）户外场地应安全且封闭,有合适的防护措施,器械高度和难度适宜 2～3 岁幼儿发展水平。

（2）根据天气制订户外活动方案、调整活动形式及强度,如户外有树荫区域,可在炎热的天气供幼儿户外活动。

（3）照护者所处位置应确保能看到所有幼儿的活动状态,保障活动安全。

2. 鼓励幼儿自由探索和游戏,为幼儿户外活动提供发展支持

（1）户外活动以自由游戏为主,集体小组活动为辅。

（2）集体活动中,照护者可以根据幼儿发展水平,组织幼儿感兴趣的跑、跳、攀登、平衡木、投掷、跨越障碍物等游戏,鼓励幼儿积极尝试。

（3）自主游戏时,应引导幼儿在指定区域自由活动,如攀爬、滑梯、玩沙、玩水等,游戏方式不受限制,照护者注意观察每位幼儿的活动情况及精神状态。

3. 关注每位幼儿的运动量,使其达到适度的活动状态

（1）通过脸色、表情、出汗情况等观察每位幼儿的运动状态。

（2）对于运动较少的幼儿，照护者应与他们积极互动，想方设法激发他们的运动兴趣。

（3）对于运动量较高、容易出汗的幼儿，及时做好更换擦汗巾、调整活动状态等个别化照护。

4. 家园协同共育提示

（1）定期开展户外亲子活动，引导家庭共同参与自然探索和体能运动，有助于培养亲子依恋关系，建立亲密的情感纽带。

（2）照护者可以将幼儿户外活动记录（文字或照片）反馈给家长，让家长对幼儿入托生活有更全面翔实的了解。

二、游戏案例及评析

（一）案例一：停一停再游戏

主人公：坼坼　月龄：31个月

"活力时光"开始前，老师们组织幼儿如厕、盥洗，给他们背上插入吸汗巾，说了安全小提示，做好了准备工作。然后，便用"小动物式走路"的游戏出发了，大家说到一种小动物，就一起模仿着向前走："小兔跳跳跳""小鱼游游游""蝴蝶飞飞飞"……来到了户外草坪。鲁老师说："今天我们要玩大滑梯，大滑梯在哪里呢？"小朋友四处张望后，锁定目标，都开心地跑向滑梯，开始了愉快的滑滑梯游戏。鲁老师和陈老师、王老师分别站在三个角落，定点观察与照护（见图4-13）。过了一会儿，老师们走到每一位小朋友身边，摸了摸他们的后颈位，有微微出汗的，引导其脱去外套。又过了一会儿，鲁老师发现坼坼的额头和鼻头开始冒汗，于是鲁老师请坼坼来到她身边："坼坼，鲁老师给你擦擦汗，休息一下再玩吧。"坼坼停下了游戏，鲁老师给他擦去了脸上、头上、背上的汗，然后又给他换上了新的汗巾（见图4-14）。随后，坼坼又开始快乐游戏了。

图4-13　三位照护者分工站位，观察、照护每一个孩子

图4-14　照护者给多汗的孩子擦汗、换汗巾,并引导孩子休息一会儿

回应性照护解读

在快乐运动的"活力时光"里,活动重在对幼儿的保育护理。户外场地比较大,托班幼儿常常会出现"不受控制"的情况,尤其在初次开展活动时,所以每一次活动前的交代,以及三位照护者提前沟通并分工站位很重要,这样才能确保照护到每一个幼儿。

第一,做好运动前的准备。幼儿完成如厕后,可以为每位幼儿背上插入吸汗巾。运动前完成操节律动,灵活全身。照护者和幼儿共同做操,吸引每一位幼儿积极参与,同时密切关注幼儿运动情况,做好脱衣或更换吸汗巾的工作。

第二,全员全程陪同。三位照护者全程参与并做好管理。看见队伍某一段发生拥堵了,要及时疏导;看见幼儿接近危险的环境,要及时制止;看见幼儿间互相推搡,要及时进行劝阻;看见幼儿在做一些危险动作,要及时令其停止。

第三,密切关注运动量。户外活动时应关注好幼儿的活动量,发现幼儿头发湿透或背部出汗较多时,要控制其活动量,并拿一块干毛巾垫在孩子的背部,防止其感冒。及时为孩子穿脱衣物,带幼儿上厕所、喝水。

(二)案例二:美丽的花纹

这篇案例是集体活动,班级幼儿月龄在28个月至36个月之间。

户外干燥的地面出现了一排长长的好看的花纹。小朋友们都围过来看了起来,熙熙、菜包、了了……大家七嘴八舌地讨论着:"这是什么呀?"一一说:"是七七的小汽车的轮子上的印子。"原来七七的小汽车滚过水坑又滚到了干燥的地面上,一路滚过来留下不少花纹(见图4-15)。老师说:"托育园也有带花纹的、可以滚动的东西,我们一起去找一找好吗?"小朋友们一起在托育园里寻找可以滚动的、带花纹的东西(见图4-16)。熙熙来到户外建构区域,指着滚轮玩具说:"这上面有花纹。"豆豆指着大门口的轮胎说:"轮胎上有花纹。"了了说:"积木也可以滚起来。"原来托育园里好多地方都"藏着"会滚动的东西,老师提议:"我们一起试一试,让它们滚起来吧,看看有没有好看的花纹。"熙熙试了试圆柱体的积木说:"积木可以滚出长长的线条。"还有几个小朋友想推动大轮胎,菜包说:"大轮胎上的花纹很漂亮,太棒啦!"原来我们托育园中有很多会滚动的东西,它们都会留下各种图案,小朋友们细心观察就能发现这些图案是那么漂亮。

图4-15 孩子们发现七七的玩具车在地上会留下花纹

图4-16 孩子们自发寻找可以滚动的、带有花纹的道具

回应性照护解读

　　户外自由游戏是幼儿在一定的游戏环境中根据自己的兴趣和需要,以快乐和满足为目的,自由选择、自主展开、自发交流的积极主动的活动过程。这一过程也是幼儿兴趣得到满足,能力技能得到发展和成长的过程。照护者需要以专业的眼光看待幼儿的自发性游戏行为。

第一,密切观察幼儿的兴趣。案例中照护者注意到班上幼儿对地面的痕迹产生了兴趣,先让幼儿自由探究和讨论。当他们发现这些痕迹来自一辆玩具车轮胎上的花纹的时候,照护者再介入启发,将幼儿的视角迁移到整个园区。

第二,在照护者的启发与支持下,幼儿自主寻找符合的材料。把户外活动的自由还给孩子,让他们提升对环境的敏感性。在孩子们眼里,一切事物都是新奇的、值得探究的。户外环境拥有自然的、创设的丰富元素,照护者可以尽可能让幼儿自由探索。

第三,鼓励幼儿参与实践和体验操作。"不同材料滚起来的花纹有什么不同呢?"照护者让幼儿自主动手,想办法把找到的道具在地上留下图案和痕迹,比一比、看一看,平日里不易被察觉的细节,此刻具体而形象地印刻在眼前,扩充幼儿的生活感悟。

第五章 照护环境

本章节依据国家卫生健康委《托育机构设置标准（试行）》《托育机构质量评估标准》《托儿所、幼儿园建筑设计规范》及相关法律法规标准规范编制，为托育机构照护环境创设提供技术指导，帮助托育机构努力做到规模适度、功能完善、环境安全、装备适宜、经济合理，从而为幼儿提供具有科学性、适宜性的养育照护环境。

第一节 园区空间环境规划

一、场地布局完善

托育机构场地包括建筑占地、道路、室外活动场地、绿地等，其中建筑包括生活用房、服务管理用房和供应用房等。

2～3 岁幼儿生活用房有活动区、就餐区、睡眠区（可混用）。

服务管理用房宜包括晨检室（厅）、保健观察室、警卫室、办公室、财务室、会议室、储藏室等房间。

供应用房宜包括厨房、开水间、消毒室、洗衣间、卫生间、车库等房间。厨房自成一体，并与幼儿生活用房应有一段距离。

（一）活动区域

1. 2~3 岁幼儿生活用房

根据《托儿所、幼儿园建筑设计规范（2019）》和《托育机构消防安全指南（试行）》规定，2～3 岁幼儿生活用房应布置在二层及以下，人数不应超过 60 人，并符合有关防火安全疏散的要求。托育机构不得设置在四层及四层以上、地下或半地下。

2. 保健观察室配备标准

托育机构应设立面积不小于 6 平方米的保健观察室，通风性好，至少配备 1

张幼儿观察床、流动水设施、药品柜、听诊器、身高计、量床、软尺等必要设施和用品。隔离室宜设置独立卫生间,具有良好通风,配置含有含氯消毒剂、呕吐包、采样盒、护目镜、一次性外科口罩、N95口罩、一次性医用手套、隔离服、无菌纱布绷带、无菌急救带、冰袋、镊子、棉签等物品的应急处置箱。保健室药品柜及晨检配备物品可见图5-1和图5-2。

图5-1　保健室药品柜

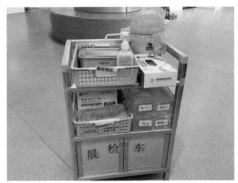

图5-2　晨检配备物品

　　保健观察室应与幼儿生活用房有适当的距离,并与幼儿活动路线分开。所有的设施设备应定期检查,确保安全性和可使用性,随时应对幼儿突发疾病,以及传染病、安全事故等情况。

（二）活动面积

1. 幼儿活动室面积

　　根据《托育机构质量评估标准》规定,24～36月龄(2～3岁)幼儿班级目前参照托小班的要求,活动室的使用面积不低于35平方米,睡眠区与活动区合用时,使用面积不小于50平方米。有条件的托育机构可参照托育园标准执行,托育园活动室的最小使用面积是70平方米。建筑面积大于50平方米的房间,其疏散门数量不少于2个。

2. 室外活动场地面积

　　具备独立、自有室外活动场地的托育机构,婴幼儿人均使用面积不小于3平方米,且有相应的安全防护措施。若室外活动场地独立、非自有(如利用小区公共场地),则婴幼儿人均使用面积不小于3平方米,且活动期间有安全防护措施。

（三）房屋采光

按照国家卫健委印发的《关于做好托育机构卫生评价工作的通知》要求,婴幼儿用房应明亮、天然采光。需要获得冬季日照的婴幼儿生活用房,窗洞开口面积不应小于该房间面积的 20％。夏热冬冷、夏热冬暖地区的婴幼儿生活用房不宜朝西;当不可避免时,应采取遮阳措施。

（四）空气质量

1. 室内空气质量

托育机构房屋空气质量应合格,甲醛、苯及苯系物等检测结果应符合国家《室内空气质量标准》(GB/T 18883－2022)的要求。装修未满一年的房屋,需要提供室内空气质量检测报告。装修满一年及以上的房屋,如果重新调整布局,购置家具或局部改造等,需要提供年度空气质量检测报告。装修满一年及以上的房屋且年度内未进行改造或购置家具的托育机构,则视为合格。

2. 室外活动场地

室外活动场地如果使用合成材料,质量应符合《中小学合成材料面层运动场地》的要求,采购的合成材料和施工材料(如胶黏剂)的质量合格,并具备采购材料合格证明。

二、户外空间充足

（一）托班幼儿户外活动的必要性

充分的户外活动有助于提高幼儿新陈代谢,促进身体、动作、认知、社会性、情绪情感等各领域发展,充足的光照度也利于促进维生素 D 合成和骨骼牙齿生长,以及预防儿童近视。照护者根据季节和天气变化,应尽可能为婴幼儿提供接触户外环境的机会,并随着婴幼儿的月龄增长逐步延长室外活动的时间。

建议 2～3 岁幼儿每天的户外活动时间不少于 120 分钟,中等及以上强度的身体活动时间累计不少于 60 分钟,避免长时间的久坐行为和视屏行为。

（二）户外空间设置

1. 户外活动场地标准

依据《托儿所、幼儿园建筑设计规范》《关于做好托育机构卫生评价工作的通知》等相关条例规定,托班户外活动场地设施应符合以下要求:

（1）托育机构的室外活动场地地面平整、防滑,无障碍,无尖锐突出物,采用软质地坪,确保安全。

(2)提供开阔的婴幼儿室外活动场地,室外活动场地面积每托位面积不小于3平方米,宜有良好的日照和通风条件,并应设置安全防护设施。当与其他设施共用活动场地时,应考虑共用时的安全防护措施,并方便照护。

(3)当托班与幼儿园合建时,托班室外活动场地宜分开。

(4)场地内绿地率不应小于30%,宜设置集中绿化用地。绿地内不应种植有毒、带刺、有飞絮、病虫害多、有刺激性的植物。

2. 配备各类运动器材和户外玩具

应为2～3岁幼儿配备符合该年龄阶段发展水平、吸引幼儿活动兴趣的各类运动器材和材料(见图5-3),如小型隧道、可扶走的斜面,以及低矮的楼梯、滑梯等,满足幼儿钻、爬、走、跑、踢、跳跃、平衡、跨越低矮障碍物等动作技能发展。建议配备器械房,放置各种器械和玩具,如钻圈或拱形门、滚筒、钻筒、球、滑梯等。此外,户外空间还可以陈设沙坑、水池,为幼儿游戏活动体验创造更多的可能。玩具和活动器材的安全性应符合《玩具安全》(GB 6675－2014)的规定。

a　　　　　　　　　　　　b

c　　　　　　　　　　　　d

图5-3　托育园户外活动及场地设施

三、设施设备健全

(一)安全保障

1. 安全设施设备

托育机构应建立覆盖所有接待场所、办公场所、婴幼儿生活用房(卫生间除外)和室内外活动场地的视频安防监控系统。监控设备在幼儿生活场所全覆盖,视频监控全天 24 小时运行,且录像资料保存不少于 90 天,不应面向任何个人或机构提供对监控视频的实时在线查看。

2. 建筑、设施安全及防护情况

走廊宽度应符合婴幼儿活动和照护的要求,楼梯扶手、栏杆、踏步高度和宽度应满足婴幼儿使用,保护婴幼儿安全。

(1)外廊、室内回廊、内天井、阳台、上人屋面、平台、看台以及室外楼梯等临空处的防护栏杆高度从可踏部位顶面算起,净高不小于 1.30 米。

(2)对于防护栏净高小于 1.30 米的情况,应进行拉网或隔挡,且确保婴幼儿无法爬上。

(3)对于室内窗台面距楼地面高度低于 0.90 米的情况,有防护措施,防护高度从可踏部位顶面算起,不低于 0.90 米。

(4)防护栏杆采用垂直杆件做栏杆,其杆间净距离不大于 0.09 米(见图 5-4)。

图 5-4 防护栏杆

托育服务用房设施应符合下列规定:

(1)地面无尖锐突出物;

(2)墙角、窗台拐角处圆滑无棱角(或有防护);

(3)家具棱角处有防护(见图 5-5)。

图 5-5　防护角

3. 采用安全型电源插座

电源插座具有保护性功能,安全高度不应低于1.80米。低于1.80米时有安全防护措施。

4. 通风与温度

(1) 室内装有窗帘以及制冷或保暖设备,如电风扇、空调、取暖器等,且电器设施放置安全。

(2) 温湿度计可有效监控室内温度和湿度在适宜范围。

(二) 卫生与消毒

根据《托育机构质量评估标准》及《托儿所幼儿园卫生保健工作规范》的相关规定,托育机构卫生与消毒工作有以下具体要求。

1. 环境卫生

(1) 卫生洁具各班专用专放并有标记(见图5-6)。各班配备专用的扫帚、拖布、抹布、垃圾桶等清洁用具,并明确标识其使用场所,每周全面检查1次并记录。

图 5-6　清洁工具标记

（2）室内有防蚊、蝇、鼠、虫及防暑和防寒设备，并放置在幼儿接触不到的地方。

（3）保持室内空气清新、阳光充足。采取湿式清扫方式进行地面清洁工作。厕所做到清洁通风、无异味，每日定时打扫，保持地面干燥。便器每次使用后及时清洗干净。

（4）枕席、凉席每日用温水擦拭，被褥每月暴晒1～2次，床上用品每月清洗1～2次。

（5）保持玩具、图书表面的清洁卫生，每周至少进行1次玩具清洗，每2周图书翻晒1次。

2. 消毒装置

（1）配备专用于水杯、毛巾、餐具消毒的消毒柜等消毒设施（见图5-7）。婴幼儿每日1巾1杯专用，做到每天消毒，有班级消毒记录，集中消毒在幼儿离园后进行（见图5-8）。

图5-7 洗消间配备设施

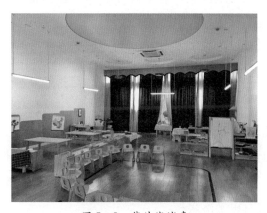

图5-8 紫外线消毒

（2）配备消毒剂、紫外线消毒灯及其他消毒器械，符合国家标准，餐具消毒柜符合《食具消毒柜安全和卫生要求》规定。

（3）做好各项卫生检查记录和预防性消毒工作登记，记录完整、内容翔实，消毒方法、频次及时间符合要求，且有整改措施和反馈记录。

第二节 班级区域环境设置

在整理《托育机构质量评估标准》《托儿所、幼儿园建筑设计规范》等相关条例规定的基础上，本书建议2~3岁班级宜设置活动区域、生活单元、游戏区角三个室内环境空间（见表5-1）。

表5-1 2~3岁班级空间规划

班级空间规划	适 用 活 动
活动区域	组织圈圈地板、小小探究等集体/小组活动
生活单元	提供生活照护：睡眠区、就餐区、卫生间
游戏区角	划分4~5个功能游戏分区，供幼儿自由玩耍

注：（1）睡眠区、就餐区可与活动区域合用。

（2）若班级面积较小，可另设专门的功能室，如美艺功能室、运动功能室。

一、活动区域

班级或专门活动探究室的活动区域，主要用于组织圈圈地板、小小探究等活动，可分为集体空间和小组区域。集体空间是一块宽敞、能容纳班级所有师生共同活动的空间，幼儿午睡休息可在此区域进行。小组区域设有适合托班幼儿身高的桌椅，幼儿进餐饮食可与该区域合用，进餐时的桌椅可与小组区域的桌椅共用。

（一）集体活动空间

1. 方便进行地板游戏

地板游戏是托班区别于3~6岁幼儿段的主要活动形式之一，建议托育机构组织幼儿坐在地面上开展集体活动。集体活动的房间应做暖性、有弹性的地面。照护者可在集体活动空间铺设柔软的地毯或地垫，创设温馨整洁、家庭式的地面游戏环境，方便幼儿自由坐落起身。

2. 限制视屏时间

照护者在组织集体活动时，应注意避免长时间久坐行为，同时限制使用电子屏的时间，尽可能少安排幼儿观看或使用电脑、平板、手机等电子设备，做好托班幼儿的视力保护，尽量避免接触屏幕。2～3 岁幼儿在托的一日生活中，屏幕时间累计不超过半小时，每次不宜超过 10 分钟，内容应积极向上，无暴力等不健康元素。

（二）小组活动区域

1. 活动区的桌椅等家具配备

小组活动空间应设有 2～3 岁幼儿专用桌椅。专用桌椅应适合 2～3 岁幼儿身高，符合《学校课桌椅功能尺寸及技术要求》(GB/T 3976 - 2014)，同时具备相关环保标识或环保合格证明。2～3 岁幼儿坐在桌前时，整个身体保持自然状态，身体坐直，肘部弯曲平放于桌面，两肩轻松平放，胸部脊柱不向前弯，脚自然地放在地面上，小腿与大腿成直角。这样的设计规格也方便幼儿自主搬动自己的小椅子，锻炼他们生活自理能力，培养自信和积极性。

活动区家具宜适合 2～3 岁幼儿尺度，防蹬踏，边缘宜做成小圆角，桌椅和玩具柜等家具表面及婴幼儿手指可触及的隐蔽处，均不得有锐利的棱角、毛刺及小五金部件的锐利尖端。

2. 设置专门活动功能室

功能室作为班级活动室的补充，可以为托班幼儿提供更多拓展经验和丰富早期学习与发展的机会，如感统训练室、生活体验馆、美艺功能室等。在感统室，婴幼儿可通过与感统器械的互动，促进本体觉、触觉、前庭觉等身体动作发展（见图 5-9）。在体验馆，2～3 岁幼儿可以自己动手制作美食，体验动手操作的乐趣，让托班生活更加生活化、游戏化。

a

b

c   d

图 5-9 托育机构体能活动室

二、生活单元

生活单元是指为婴幼儿提供睡眠、如厕、盥洗、进食等生活照护活动的空间。

（一）睡眠区

睡眠区应营造安静柔和、温度适宜的睡眠环境（见图 5-10），温度在 22～26℃为宜，保持空气流通。房间光线亮度适宜，非黑暗环境，既能呵护幼儿轻松入睡，又能让照护者在巡查时可以看清每位幼儿的面部表情。

图 5-10 托班睡眠区陈设

1. 床铺

每位幼儿有专属的小床，不应使用双层床。午睡环节，儿童床摆放适宜、不拥挤，所有儿童床或床垫相隔一定距离，不能紧挨在一起。床位四周不宜紧靠外墙布置,每张床之间留有适量间隔,便于照护者在午睡期间巡视、观察每一位幼儿的睡眠状况,也方便幼儿中途醒来下床如厕。若是睡眠区和活动区合并设置的班级,应设置床位收纳的专门空间。

2. 睡眠用具

幼儿睡眠用具包括床、床垫、被褥、枕头等,所有睡眠用具应保持干净卫生、无明显污迹。床垫、床栏杆等做到定期消毒,每天擦拭干净,每周至少消毒一次;被褥定期清洗,至少每两周清洗一次。每位幼儿有自己的寝具,不与其他儿童共用。照护者注意留意幼儿上床时无携带小石头、小珠子等颗粒状物品或尖锐物品,以免引发危险。

(二)就餐区

1. 就餐桌椅

就餐区的桌椅满足 2～3 岁幼儿身高特点,让幼儿坐着舒适、搬动容易,符合《学校课桌椅功能尺寸及技术要求》(GB/T 3976-2014),同时具备相关环保标识或环保合格证明。

2. 餐具

2～3 岁幼儿基本可以达到自主进餐,他们也会在正餐或点心时间帮助成人分餐、摆放餐具等,因此餐盘、水杯、汤匙、筷子等餐具应符合幼儿独自使用的需要,水杯带有把手便于幼儿抓握,餐盘深度方便幼儿自主进食。可以选择造型可爱的餐具,调动幼儿进餐的积极性。

(三)卫生间

卫生间宜临近活动区或睡眠区设置,通风良好,不宜设置台阶,地面保持干燥。卫生间设有婴幼儿专用的盥洗室和厕所,有符合 2～3 岁幼儿身高的洗手槽(盆)、坐便器、带扶手的蹲便池、小便斗等生活照护设施及清洁设施,配备的洁具符合环保要求,盥洗室内有流动水洗手装置(见图 5-11)。

1. 厕所马桶

坐便器高度宜为 25 厘米或以下。每班幼儿和便器数量比例不小于 5∶1,便器之间应设隔断(如用半人高的墙板分隔开)(见图 5-12),同时配备可移动的便盆供幼儿选择使用。对于 2～3 岁幼儿,照护者应引导其主动如厕,因此应配备便于幼儿自主如厕的装置,如坐便器旁有可以借力的扶手。成人厕位应与幼儿卫生间隔离。

2. 盥洗室

每班幼儿和洗手池水龙头的比例不小于 5∶1,洗手池高度宜为 40～45 厘米,宽度宜为35~40厘米(见图5-13)。也可以配备长水槽让孩子们一起盥洗和探索,安装3~5个适合幼儿使用的、可调节冷热水的水龙头(见图5-14)。盥洗室宜与睡眠区或活动区邻近,2~3岁幼儿正处于自主如厕习惯养成阶段,难免会有尿裤子的情况,区域相邻方便照护者开展照护活动。

图5-11 托班卫生间陈设

图5-12 便器之间的隔断

图5-13 幼儿自主洗手

图5-14 盥洗设施

三、游戏区角

游戏区角是指婴幼儿在"我选我玩"的自选游戏时间,能够主动探索、操作体验、互动交流和表达表现的活动区域。根据2~3岁幼儿身心发展水平和活动需求,班级游戏区角宜划分为4至5个功能分区供幼儿自主游戏,为幼儿提供动作、认知、语言、情感与社会性等各领域早期学习与发展的机会,包含建构材料区、角色扮演区、艺术体验、操作探索区、绘本阅读区或其他适宜的活动区域。

每个游戏区域之间应相对分隔但不封闭,既能让该区角内的幼儿专注于自己的游戏,也能方便他们需要时在不同区角之间行动和变换位置。

(一)区角环境材料

1. 材料选择

每班应配有符合 2～3 岁幼儿各领域发展特点的玩具材料,如搭建类、拼插类、镶嵌类、拖拉类、扮演类、认知类、感知觉类、运动类、美工工具材料等。玩具种类不少于 5 类,种类选择可参照《浙江省幼儿园教育装备规范(试行)》,推荐多种类型的积木、球类、橡皮泥、色彩笔、纸张。配备的图书符合 2～3 岁幼儿发展水平,每名幼儿不少于 1 册,种类至少满足 4 种类别,涉及认知类、感知觉类、习惯培养类、情绪情感类等,环保油墨印刷且保持干净。

提倡托班多使用日常生活用品、自然材料和低结构材料。各地建议根据本土地域特点和 2～3 岁幼儿身心发展特点,利用生活材料、自然材料自制玩具,既能促进幼儿在与材料的互动体验过程中发展感知觉、认知等,又能激发幼儿想象力和创造力,使他们的角色扮演游戏不受玩具外表造型的限制。

2. 玩具安全

提供的玩具应当符合《玩具安全》(GB6675 - 2014)系列国家标准,且玩具有安全环保标识,符合安全卫生要求。定期对材料进行消毒和清洗,确保材料的安全和卫生。照护者应注意避免在游戏区角投放豆类、珠子、小颗粒类玩具,班级主题墙、作品墙、提示栏中无大头针、图钉等尖锐物品。材料柜、书架高度适中,材料摆放便于幼儿自主选择、取放和使用。具备玩具采购的安全证明、玩具出入库登记记录、玩具使用登记记录、玩具安全检查记录、玩具卫生消毒记录等。

(二)游戏区域划分

1. 建构材料区

(1)2～3 岁幼儿已初步具备积木搭建水平,因此建构游戏区角需要足够大的空间,以便让幼儿自如搭建。幼儿搭建区域应平整且稳固,可以在地板上铺上平坦的地毯或地垫,以减少积木掉落时的噪声(见图 5 - 15)。

图 5 - 15 幼儿搭建区域

（2）提供的建构材料应适宜且丰富，可包括木质积木、泡沫材质的积木、扭扭棒、乐高、塑料积木等，形状、轻重、大小各不相同，可让幼儿在自主搭建的过程中感知和探索（见图 5－16）。

图 5－16　幼儿自由搭建

（3）储放建构材料时，大块的积木可以放在存储柜的底层，小块的积木放在柜子上层，并贴上相应标识，方便幼儿安全取放。

（4）设置作品展示区。当幼儿搭建完成后，询问他们想要推倒还是保留，如果想要保留可以放在展示区存放展示。

2. 角色扮演区

（1）2～3 岁幼儿经常在建构游戏时，将生活经验假想到所搭建的场景中，如前文案例中所提到的孩子们用积木搭一个"桌子"，把蔬菜和水果放在"桌子"上，玩过家家的游戏。因此创设角色扮演区时，建议设置在建构游戏区的旁边，方便幼儿在两个区域之间交互游戏。

（2）游戏区角可根据班级幼儿发展兴趣，进一步划分为小厨房、娃娃家、动物园等幼儿喜欢的生活场景，空间宜容纳 4～6 名幼儿同时在区角内进行独自、平行或合作游戏（见图 5－17）。

a　　　　　　　　　　　　　　b

图 5－17　托班角色扮演区角创设

（3）提供不同服装、玩具、生活用品和道具支持婴幼儿进行角色扮演，建议投放低结构材料，保留幼儿的想象空间，幼儿可以自主改变材料的功能和用途，使他们的假想活动不受现有材料的限制。

3. 艺术体验区

（1）2～3岁幼儿喜欢探索身体动作和物品之间的因果关系，因此在艺术体验区可以提供满足幼儿探索需求的乐器，如沙锤、铃鼓、手摇铃、三角铁、铜铃、棒铃等，便于幼儿取放和游戏（见图5-18）。

a　　　　　　　　　　　　　　　　b

图5-18　孩子们体验艺术创作活动

（2）美术工具应归类存储，如纸张、颜料、黏土、各类绘画工具等，并贴上相应标识，方便幼儿自主取放。可以设置一面较大的涂鸦墙或在地上铺一张较大的纸张，为幼儿创造自由创作的空间。

（3）艺术体验区的设置宜远离绘本阅读等安静的区角，且临近盥洗室，方便打水清洁。

4. 操作探索区

（1）根据2～3岁幼儿精细动作发展水平，陈列一些供幼儿自主练习的操作盘，可进行串珠、拼图、扣纽扣、拉拉链等活动，让幼儿在操作中锻炼小肌肉及手眼协调能力（见图5-19和图5-20）。

（2）建议投放取自当下季节、时节的天然材料，可以是树叶、小石头、树枝、贝壳、果实、种子等，也可以是奶粉罐、纸巾盒等日常生活材料，更好地调动幼儿的感官感受。操作探索区可设置在艺术体验区的旁边，方便幼儿拿取材料进行进一步的自由创作。

（3）该年龄段的幼儿喜欢沉浸于沙水游戏，如果条件允许，可在操作探索区

图 5-19　托班操作探索区创设

图 5-20　幼儿自主探索

设置沙水游戏区角,提供不同颜色的太空沙和相关的模型,供幼儿探索体验。

5. 绘本阅读区

(1) 创设温馨宁静的阅读环境,提供满足班级幼儿兴趣与需求的各类绘本,并按主题、类型、大小等规律进行归类和摆放(见图 5-21)。

图 5-21　归类摆放的各类绘本

（2）绘本阅读区宜设置在自然光线充足、相对安静的区域，可容纳一位成人和几个孩子一起坐在地上、共同阅读（见图5-22）。

图 5-22　托班绘本阅读区角

（3）照护者可以将托班生活照片冲印整理、装订成册，与绘本一起放在图书架上，供幼儿自主翻阅。

第三节　家园社协同养育支持

家园社协同共育的养育环境对儿童早期成长与发展具有至关重要的作用。托育机构在构建科学适宜的托育环境之时，也需要支持家庭和社区，做好协同创设养育环境的指导工作。充分融通社区资源和家庭资源，增强家庭养育环境与托育照护环境的一致性，促进家园社联动共育，共同培养健康成长、全面发展的幼儿。

一、与家长合作

（一）了解家庭养育状况及托育需求

在幼儿入托前，托育机构除了与家长签订协议、做好新生入托登记，也要积极、全面地了解家庭养育状况、托育需求等信息。第一，组织家庭养育评估，了解幼儿基本信息及家庭教养模式，对于日后托班照护者针对性地开展个别化照护工作大有帮助。第二，了解家长托育需求以及对孩子在托的期望，托育机构可结合家长意愿提升托育照护服务，从而提高家长满意度。第三，通过入园前家访、准备入园指南等途径，促进婴幼儿及家长提前了解托育机构的托育理念、作息安排等，缓解幼儿和家长的入园焦虑，帮助孩子更顺利地适应托班生活。

1. 开展家庭养育评估,了解每个家庭的教养情况

托育机构可以通过量表、问卷、访谈等方式,评估每位幼儿所处的家庭养育环境,包括家庭教养类型、幼儿在家作息习惯、亲子互动时长和主要形式、家庭成员是否具有正确的教育观和儿童观等(见图5-23)。

a   b

图5-23　托班照护者家访,进行家庭养育评估

(1) 环境氛围。了解家里是否有多个可供幼儿活动的房间,是否拥有足量且适宜的图书、玩具,儿童房间是否明亮多彩、干净整洁,是否有能让孩子自己使用的餐具、如厕辅助物品。家庭氛围是否融洽和睦,家长是否经常对孩子表达爱意,如亲吻、拥抱、爱抚孩子。

(2) 亲子陪伴。了解家长是否对孩子的需求作出及时回应,家长是否清楚每个玩具的玩法并和孩子一起探索游戏,是否每天在家陪伴孩子亲子阅读,是否为孩子创造外出去公园、展览、商场、旅游或户外活动的机会。2～3岁幼儿在语言、认知、社会情感、身体动作等领域都有突破性的发展,由于主体意识的萌芽,他们往往会步入"第一个反抗期"。面对这一时期幼儿身心特点,家长是否可以用积极辩证的态度对待亲子关系。

(3) 能力培养。了解家长是否了解孩子的兴趣爱好,并给予进一步发展的支持;是否注重孩子自理能力和卫生习惯的培养,让孩子自己穿衣、吃饭、洗手、如厕,做到不强迫不包办;当孩子情绪起伏时,家长是否耐心安抚、询问原因,鼓励孩子用语言表达内心需求;家长是否正确引导规范孩子行为,耐心解答孩子的各种提问。

(4) 养育理念。了解家长是否理解父母和家庭对儿童早期发展的作用,这种作用是他人及早教机构无法代替的;是否存在因噎废食的心理,为了规避危险而限制孩子必要的发展机会;是否存在揠苗助长的误区,对孩子进行超龄超纲的发

展训练；父亲在家庭养育中的角色和作用是否到位，育儿职能是否清晰；是否为婴幼儿创设温馨的心理关爱环境，满足婴幼儿对尊重、关注、关心、爱护、细心照顾等的情感需求。

2. 开展托育调研，综合考量家庭多元化托育服务需求

托育机构可以面向在托婴幼儿家长开展家庭托育调研，了解他们对托育需求因素的考量、对幼儿培养的期望、对托育机构的满意度等。

（1）托育需求因素。家庭托育需求包含托育师资、托育机构口碑、游戏课程活动、在园饮食、室内环境、户外环境、师生比例、收费、距离等方面，可以帮助托育机构了解家长选择送托的主要原因以及可以改进的方面。

（2）幼儿培养期望。了解家长关注孩子在托班生活中可以获得哪些方面的进步与成长，如生活习惯和自理能力的培养、运动体能的锻炼、精细动作的练习、艺术审美的表现、绘本阅读的爱好等。

（3）家长满意度。托育机构可以每半年进行 1 次家长满意度调查，内容包括调查家长对托育服务、机构环境、孩子在托生活等方面的满意程度，如婴幼儿对托育机构的喜欢程度，家长对托育机构环境、保育照护服务、卫生保健工作、安全保障工作、游戏学习开展情况等各个方面的满意程度。根据《托育机构质量评估标准》，家长满意率需在 85% 及以上。托育机构需要根据调查意见进行改进，并将满意度调查情况及整改报告及时向家长反馈。

3. 积极做好宝贝入托适应的衔接工作

婴幼儿进入托班会面临许多"人生第一次"，第一次离开熟悉的家庭环境，第一次参与集体生活。托育机构需要和家长一起，引导幼儿顺利融入团体、适应托班环境、缓解分离焦虑，从原来家的港湾迈向新的港湾。托班可以在入园前开展入托适应活动（见图 5-24），帮助幼儿熟悉托班环境和照护者，培养信任感和安全感。照护者可以利用家访、约谈的机会，与家长当面沟通家园工作，准备入园指南手册，向家长阐述托育园的教育理念、配合要求、分离焦虑的原因和策略等。

a   b

图 5-24　新学期开展入园适应系列活动

(二)家园日常交流

1. 搭建家园联系平台,主动让所有家长知晓入托信息

托育机构可以通过家长手册、信息推送、园区/班级公示栏、微信公众号、手机软件等方式,主动向家长告知幼儿在托的养育照护情况,包括作息时间安排、餐点食谱、游戏学习活动、班级本月/本周的培养目标和计划。培养目标要具体且科学,适宜班级幼儿目前的发展水平。信息告知的形式应以方便家长及时查看幼儿当日在托活动、餐食提供等为宜。

2. 建立个性化成长档案,向家长反馈幼儿在托情况

托育机构宜为每位婴幼儿建立成长档案,记录入托生活和活动、在家日常表现和发育发展评估(见图5-25)。利用婴幼儿每日入托和离托的时间,以口头或书面的方式,与家长沟通婴幼儿入托及在家的健康状况、饮食、如厕、睡眠、活动参与、情绪状态等情况,做到双方相互支持、密切配合,共同促进婴幼儿的健康成长。

a   b

图5-25 家园共同精心记录的幼儿成长档案

3. 设置公开途径,供家长反馈意见和建议

鼓励家长向托育机构反馈意见和建议,内容包括但不限于机构环境、婴幼儿保育照护、保育师师资、卫生保健、安全保障等。托育机构应根据家长意见和建议积极落实、及时改进,并将整改情况向家长沟通与反馈。

4. 将家长资源纳入日常活动,促进家长了解幼儿在托生活

托班可邀请家长作为志愿者参与各类活动,如晨间接待、集体活动的协助,鼓励家庭积极主动地参与托育机构的保育照护活动(见图5-26)。建立家长助教制度,发挥每位家长的专业所长。围绕职业特点、自身爱好、幼儿兴趣等内容,将家

长资源融入日常课堂,赋予家长新的角色,既为幼儿带来更加丰富多元的托班生活体验,也能让家长切身感受幼儿入托活动,促进家长与托育机构建立彼此信任、亲密合作的伙伴关系(见图5-27)。

图5-26 家长助教入园协助托班主题活动

a

b

图5-27 托育园组织家庭亲子活动

5. 在托期间遇有特殊情况,及时与家长联系

当幼儿在托期间遇有特殊情况,如身体不适、意外伤害等,照护者应第一时间联系家长,向家长如实告知情况,并依据应急预案做好保育、医护等相关救助处置。配备婴幼儿特殊需求的记录表和处理特殊情况的记录表,幼儿如有特殊照护需求,托班保育师需及时记录在案。

当婴幼儿因病或因事连续请假2周以上时,照护者应在婴幼儿返园前与家长沟通婴幼儿现阶段的身体和生活状况,将托育机构当下开展的活动和照护重点与家长做交流,共同帮助婴幼儿顺利返园、适应托育照护。

(三)家庭育儿指导

1. 组织育儿讲座,传递科学育儿知识和方法

托育机构定期开展育儿指导活动,形式可包括专题讲座、家长会、科普资料推送、座谈交流等,向家长传播科学育儿理念、养育知识和具体的实践方法。此外,可以促进家长资源共享、互动交流,托育机构可邀请家长分享自己的育儿心得和教育理念,阐述自己在生活习惯培养、绘本玩具选择、亲子活动计划、成长教育规划等方面的经验。活动开展建议每年不少于4次。

2. 提供个性化育儿咨询指导服务

托育机构每年可为家长提供个性化的咨询指导服务(见图5-28)。主要了解家长目前面临的教育困惑和家庭教育主要存在的问题,根据幼儿个性特点和身心发展水平,为家长提出专业的、个性化的、具有可操作性的解决路径,指导和帮助婴幼儿家长提高在日常养育、材料提供、游戏开展、亲子互动、早期阅读等方面的能力,提升家庭教育素养和科学育儿水平,缓解家长育儿压力。

a   b

图5-28 保健医生为有需要的家庭提供专题育儿指导

二、与社区联动

(一)为社区婴幼儿及家长提供科学育儿支持

托育机构应有计划地定期为所在社区提供科学育儿支持,每年不少于2次。开放托育机构活动场地或利用社区资源,在做好机构托育服务工作的同时辐射周边社区,根据家长需求开展亲子活动、育儿宣传活动、入户指导等(见图5-29)。

1. 积极组织亲子活动

托育机构至少每半年组织一次亲子活动,如亲子运动会、亲子游园会、家庭爱

a   b

图 5 - 29 托育园"早教进社区"活动

心义卖、亲子手工、亲子烘焙等,邀请社区和机构家庭共同参与。一方面,有助于增强亲子之间的情感联结,促进儿童友好社区建设;另一方面,托育机构通过亲子活动的组织策划,凭借专业优势向家长传递尊重、倾听、包容、关爱的科学育儿知识和方法。

2. 举办育儿宣传活动

为了提升社区居民的育儿理念和技能,托育机构可定期举办育儿讲座、亲子教育论坛、亲子阅读、适龄婴幼儿玩具和亲子游戏选择等育儿宣传活动。此外,托育机构也可为社区家长提供育儿宣传资料和咨询服务,从早期教育专业视角耐心解答家庭在育儿方面的困惑和问题,为社区家庭科学育儿提供专业支持。

3. 开展入户指导服务

开展"一对一亲子早教入户指导",以满足社区家庭对婴幼儿优养优育多元化需求。托育机构的照护者可以入户向家长示范、普及科学育儿及护理的技巧,对婴幼儿的生长发育进行个性化评估。通过观察、互动、记录、评估等途径,为社区家庭制定适宜的、科学的、有针对性的早期教养方案。

(二)利用社区资源,提升托育机构照护服务

有的托育机构规模较小、人员较少,场地、资源有限,因此可以充分利用社区资源,与社区相关机构和组织建立合作伙伴关系,联合组织活动,拓展托育机构的辐射效能,实现资源共享,为建设儿童友好城市助力。

1. 利用社区的户外场地,拓展幼儿户外活动

托育机构自身室外场地有限的,可主动联系社区,利用社区户外活动空间,优化婴幼儿户外活动时长和形式。附近有公共绿地或公园的,可以组织幼儿到宽敞的户外空间进行活动,既能利用合适的游乐设施和游戏锻炼体能,又能置身于自

然场域感受天气、四季的特点和变化,培养亲近自然的喜好。在利用社区公共场地开展户外活动期间,应有相应的安全防护措施,如设置安全围栏等。

2. 利用周边其他机构,拓展幼儿生活经验

托育机构管理者应了解附近可利用的机构资源,并主动联系组织托班活动,如消防站、图书馆、博物馆、超市、社区邻里中心等,根据婴幼儿的年龄特点,开展丰富有趣、多元化的游戏活动,拓展幼儿生活经验。

(1)参观消防站。托育机构可联系附近的消防站,组织托班前往参观。邀请消防员为2～3岁幼儿展示消防装备、演示消防知识,鼓励幼儿体验消防装备、参观消防车,在真实操作接触中引导幼儿感知消防相关知识,培养安全意识(见图5－30)。

(2)参观图书馆等公共文化设施。若社区周边有图书馆、博物馆、美术馆、剧院之类的为社会公众提供文化服务的公共文化场所,托育机构可与这些机构联动,在有安全保障的前提下组织2～3岁幼儿前往参观。把握这些机构所蕴含的、适宜托班年龄特点的教育价值,让幼儿接触丰富的儿童资源,通过参与和实践体验感受历史和文化的积淀(见图5－31)。

图5－30　与消防站合作举办主题活动

图5－31　托班幼儿进图书馆活动

(3)走进社区及周边超市。结合活动主题和内容,组织幼儿参观社区驿站、党群服务中心或是周边超市、农贸市场等场所,培养他们对社会生活的认知及兴趣,锻炼幼儿的社交能力和实践能力。

3. 利用社区安保资源,支持托育机构安全保障工作

托育机构可充分利用周边社区的警务、协管、志愿者等安保资源,强化托育机构安全保障工作。与本社区的派出所建立合作关系,协管和志愿者在入园、离园

时段到机构周边疏导交通,合力保障幼儿入园、离园安全。警务力量参与托班幼儿防拐骗等安全演练,并对托育机构安保工作、应对突发事件能力等进行培训。

4. 利用周边医育融合资源,为家长提供科学养育指导

托育机构可以依托市区两级保健队伍和周边医教单位,协同社区妇幼机构、居委会定期举办卫生保健、婴幼儿营养、心理行为、生长发育、疾病预防和干预等专业讲座,为家长提供婴幼儿照护健康、膳食营养等养育指导(见图 5-32)。

a　　　　　　　　　　　　　　b

图 5-32　联合医教单位开展科学养育讲座

第六章 健康管理

本章节力求构建全方位、多层次的健康管理机制,为在园幼儿创造安全、健康、和谐的成长空间,涵盖了儿童和工作人员健康管理、常见疾病与意外伤害的预防及处置、卫生消毒,以及健康管理制度等部分内容,规范生长发育监测、疾病预防和意外伤害处置,将健康管理工作常态化、科学化、可操作化,为托育机构的制度管理以及照护者的日常操作提供参考。

第一节 儿童健康管理

一、儿童体格生长常用指标及测量方法

1. 常用指标

(1) 体重。体重是人体各器官、系统、体液的总和,是反映营养状况最常用的指标。可用以下公式估算儿童体重:

3~12 个月体重(kg)=(月龄+9)÷2

1~6 岁体重(kg)=年龄(岁)×2+8

7~12 岁体重(kg)=[年龄(岁)×7-5]÷2

(2) 身长(身高)。身长(身高)是指头顶至足底的长度,包括头部、脊柱和下肢的长度。这三部分的发育进度并不相同,一般头部发育较早,下肢发育较晚。2岁以下儿童应仰卧位测量,称身长;2岁以后可立位测量,称身高。立位与仰卧位测量值相差1~2 cm。可用以下公式粗略估算儿童身长(身高):

2~12 岁身长(身高)(cm)=年龄(岁)×7+77

2. 测量方法

测量体重前,先调整磅秤零点,被试儿童尽量排空大小便,脱去外套、鞋、帽

等,以保证测量的准确性。2岁以下婴幼儿使用卧式量床测量身长,2岁以上儿童站位测量身高。

二、体格生长评价

1. 生长发育监测图

世界卫生组织(WHO)推荐家长和基层单位儿童保健工作者使用的儿童生长发育监测图是按照年龄、性别、体重、身长(身高)、头围、体质指数(BMI)等指标绘制而成的(见图6-1)。

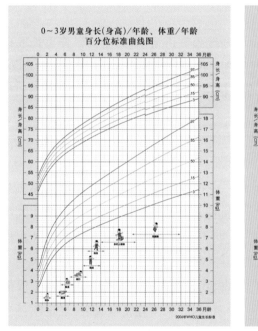
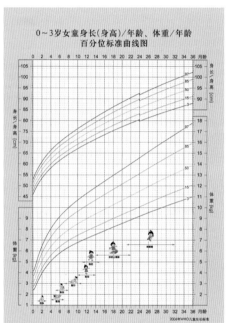

图6-1 0~3岁男童、女童生长发育监测图

这里对托育机构依托"WHO儿童生长发育监测图"进行体格发育监测做使用说明:

(1)0~2岁儿童测量卧位身长,2岁以上儿童则测量立位身高。由于2周岁儿童身高比身长低0.7 cm,因此该月龄的百分位标准曲线图存在身长/身高切迹。

(2)生长发育监测图中附有8个小人图,指示0~3岁儿童粗大动作的发育监测。以每个里程碑的右侧箭头为年龄界限,如若该月龄儿童没有表现出相应的能力,则提示有运动发育滞后的可能,需要托育机构与家长取得联系,进行进一步神经心理发育评估。

2. 评估儿童生长曲线走向

在生长发育图上,儿童生长发育曲线通常有三种情况:正常曲线、曲线向上偏移和曲线向下偏移。通过曲线走向可以评估儿童生长发育情况及长期营养状况,能够帮助早期发现一些疾病信息。以下是以体重为例的儿童体格发育评估方法,身长/身高评估同理。

(1) 儿童体重增长曲线与参考曲线走向平行,说明体重增长正常;

(2) 曲线上扬,即本次评估体重值明显增长,生长曲线较参考曲线走向上扬,说明体重增加过快。一般与摄食过多有关。

(3) 曲线向下偏离,儿童生长曲线较参考曲线走向向下偏离,说明体重未增或不理想。一般与营养不良、疾病等有关。

此外,托育机构还需面向家长定期举办健康宣讲活动,为家长科普生长发育曲线监测方法,促使家长更全面地理解儿童体重、身长(身高)曲线的走向及意义,根据儿童生长趋势对养育方式加以调整和优化,帮助生长发育预警的儿童得到早期诊断和医育干预。

三、入园/入托健康检查

(1) 托育机构在办理幼儿入托手续时,应当查验《儿童入托健康检查表》《儿童保健手册》和《预防接种证》。建立托育机构幼儿健康档案,内容包括幼儿既往疾病史、过敏史、传染病患病及接触史;定期进行健康检查,并将结果记录在档案中。

幼儿园在办理儿童入园手续时,应当查验《儿童入园健康检查表》《儿童保健手册》和《预防接种证》。确认儿童按照《儿童入托/入园健康检查表》规定项目到卫生行政部门指定的各级妇幼保健机构等医疗机构进行过健康检查并合格后方可入园。

托幼机构①发现儿童没有预防接种证或未依照国家免疫规划受种的幼儿,应当督促监护人带幼儿到当地规定的接种单位补证或补种,并在幼儿补证或补种后复验预防接种证。

(2) 儿童离开托幼机构3个月以上者需重新进入的,应按照儿童入托/入园健康检查要求,经妇幼保健机构健康检查合格后方可返回托幼机构。

(3) 儿童转托幼机构时,转入的机构应查验原机构提供的《儿童转园/托健康

---

① 注:这里托幼机构指托育机构和幼儿园。

表》《儿童保健手册》。《儿童转园/托健康表》有效期 3 个月。

四、定期健康检查

（1）托育机构的体检工作是健康管理的一项重要内容,应督促家长按照《国家基本公共卫生服务规范》中《0～6 岁儿童健康管理规范》要求的检查频次,分别在 24 月龄、30 月龄、36 月龄带幼儿到当地社区卫生服务中心或乡镇卫生院进行免费的健康检查。

（2）保健人员应定期查看幼儿健康检查情况,对没按时参加健康检查的幼儿应及时通知家长进行补检,对有异常的儿童应及时反馈家长,并督促其去诊疗。

五、晨午检及全日观察

（1）保健人员应做好每日晨间或午间入托/园检查,内容包括询问儿童在家有无异常情况,观察精神状况、有无发热、腹泻、呕吐和皮肤异常等症状,检查有无携带不安全物品等,发现问题及时处理。

（2）保健人员及保育人员应当对儿童进行全日健康观察,内容包括饮食、睡眠、大小便、精神状况、情绪、行为等,并做好观察及处理记录。

（3）保健人员每日至少深入班级巡视 2 次,发现患病、疑似传染病儿童应当尽快隔离并与家长联系,及时到医院诊治,并追访诊治结果。

（4）患有传染性疾病或疾病急性期的儿童应当离开托幼机构并休息治疗。对需要带药入园的幼儿,向其家长索要病历,收下药后仔细检查药名、标签是否清楚,药物是否受潮变质过期（如有,则退给家长）,同时和家长签订委托服药单,不建议幼儿带保健品、滋补品、抗生素等处方类药物入园。

（5）对需要接受班级全日观察的幼儿做好有关交接工作。

六、高危儿童管理

托育机构的保健人员要加强对高危儿童的观察与护理,针对高危儿童的特点,按照不同高危因素落实各项措施,建立管理档案,定期跟踪随访。

1. 总体要求

（1）按高危儿童管理要求,对患有营养性缺铁性贫血、营养不良、超重、肥胖、语言发育障碍、发育偏离或异常、反复呼吸道感染等常见疾病的高危儿童建立专案,协助辖区妇幼保健院做好分级分类的高危儿童管理。对没按时随访复诊的幼儿应及时通知家长前往妇幼保健机构进行随访复诊,对高危儿童管理效果欠佳或无效的儿童应及时反馈家长，并督促其去诊疗。

（2）托育机构要建立高危儿童的管理规章制度，并落实到班级保育人员，高危儿童的管理工作主要由保健人员负责，保育人员协助，做到"医、家、园"三者融合，共同做好高危儿童的管理。

2. 具体要求

（1）对筛查出的高危儿童进行仔细核对、复查。确定管理对象后，及时与家长取得联系，做好"医、家、园"共同管理。

（2）将高危儿童的情况落实到其所在班级，指导班级保育人员做好高危儿童的观察护理。

（3）保健人员定期对保育人员、炊事人员进行卫生保健及高危儿童管理相关知识的培训，指导炊事人员做好贫血、肥胖、过敏儿的特殊膳食供应。

（4）高危儿童高危因素去除后要及时给予结案，并通知所在班级结束全日观察。

（5）对高危儿童要多注意其心理上的疏导与关爱，消除其害怕、自卑、疼痛引起的不良情绪。

第二节　工作人员健康管理

第一，托幼机构工作人员上岗前必须进行健康检查，取得《托幼机构工作人员健康合格证》后方可上岗。在岗工作人员每年必须按规定由县级及以上妇幼保健机构进行1次健康检查，取得健康合格证后方可继续工作。

第二，托育机构兼职健康指导员应获取医师/护士执业证书，并经县级及以上妇幼保健机构组织的幼儿养育照护师资培训合格且体检合格后方可上岗。

第三，食堂工作人员健康管理还须按照《食品安全法》及其配套法规的规定执行。

第四，体检过程中发现异常者，由体检的医疗卫生机构通知托幼机构的患病工作人员到相关专科进行复查和确诊，并追访诊治结果。

第五，工作人员的健康管理参照《托儿所幼儿园卫生保健管理办法》《托儿所幼儿园卫生保健工作规范》等相关法规执行。

第三节 常见疾病与意外伤害的预防及处置

一、常见疾病症状与措施

1. 发热

体温升高是儿童生病时常见的情况。正常儿童肛温为 36.9～37.5℃，舌下温度较肛温低 0.3～0.5℃，腋下温度为 36～37℃。不同个体的正常体温稍有差异，但一般体温超过其基础体温 1℃ 以上时，则认为是"发热"。根据发热温度分为：低热 37.4～38.0℃；中度热 38.1～39.0℃；高热 39.1～41.0℃；超高热＞41.0℃。

措施：第一，及时测量体温，做好物理降温；第二，同时联系家长，告知病情，并送医院就诊；第三，告知家长返园情况，即排除其他传染病，幼儿退烧 48 小时后且其他症状消失方可返园。若幼儿诊断为传染病时应按照相关传染病隔离期限凭当地卫生院防保科复课证明才能返园。

2. 呕吐

呕吐是小儿常见症状之一，虽单独发生，但常随原发病且伴有其他症状及体征。引起呕吐的病因很多，需注意呕吐与饮食的关系、起病的急缓、发病年龄，以及伴随的症状与体征。必要时送医院就诊。

措施：第一，及时消毒隔离，将患儿带到隔离室，同时保健医生指导保育老师做好呕吐物的清理与消毒，开窗通风，防止交叉感染；第二，同时联系家长，告知病情，并送医院就诊；第三，等幼儿呕吐现象消失，或无其他症状后，方可返园。

3. 腹痛

腹痛是幼儿常见症状之一，引起腹痛的原因很多，因幼儿多数不能准确地表达疼痛的感觉、性质及部位，常以哭闹来表达。

措施：第一，全面细致了解幼儿腹痛发作情况、性质、部位和伴发症状（如呕吐、便秘、便血、皮疹、尿痛、血尿、咳嗽及大便性状等）；第二，猜测可能的原因，陪伴幼儿如厕、喝水，或轻揉肚子以缓解症状，若未改善，则联系家长，告知病情，并送医院就诊；第三，幼儿无腹痛症状及其他症状后，方可返园。

4. 惊厥

惊厥只是一种症状，而不是一个独立的疾病，常见于 5～6 岁以下的儿童，尤以 6 月龄至 2 岁多见,惊厥时间短暂,一般 10 分钟以内,为全身性惊厥。当患儿发生惊厥时,应尽快控制惊厥,同时寻找惊厥的发生原因,并防止惊厥再次发生,以免引起窒息,留下后遗症甚至死亡。

措施:第一,让患儿侧卧防止呕吐物吸入,解开衣领、裤带,减少和避免不必要的刺激,将纱布包裹的压舌板或牙刷柄放在上下磨牙之间,防止咬伤舌,应有专人守护或放置床档,防止患儿从病床上跌下;第二,保持呼吸道通畅,及时吸去咽部分泌物;第三,若因高热引起的应积极降低体温,可采取物理降温措施,如在颈旁、腋下、腹股沟大血管处放置冰袋;第四,联系家长,告知病情,并送医就诊。

二、常见传染病的症状和措施

1. 麻疹

麻疹是由麻疹病毒引起的经呼吸道传染的急性传染病,主要表现为发热、咳嗽、眼结膜充血、口腔两侧颊黏膜上出现白色斑点,以及自头而下的皮疹。麻疹病毒在外界生活力不强,在强阳光下直接照射 15 分钟即死亡,在新鲜空气中约 2 小时就失去传染力,在流通的空气中半小时就失去活性。但麻疹病毒在寒冷、干燥的环境中有较强的耐受力,0℃ 中可生存 1 个月。潜伏期为麻疹病毒经呼吸道侵入人体后 10～14 日,曾接受被动或主动免疫者可延至 3～4 周后发病。

措施:患儿自发病之日起至出疹后 5 日,合并肺炎至出疹后 10 天,方可返园。出疹 3～5 日皮疹出齐后,按出疹顺序逐渐消退,伴糠麸样脱屑,并留有浅褐色色素斑,此期为 1～2 周。

2. 水痘

水痘是由水痘带状疱疹病毒引起的一种急性传染病。该病毒通过呼吸道进入人体,潜伏期为 12～21 日,平均 14 日。在发病的早期可有轻度的不适,如发热、头痛、乏力、咽痛等,也可无症状。该病毒在体外抵抗力较弱,不耐酸、不耐热,在痂皮中不能存活,在疱疹液中 -65℃ 可长期存活。

措施:患儿水痘疱疹完全结痂,并不得少于发病后 14 天隔离后,方可返园。幼儿隔离在家,应卧床休息,多饮水,进食易消化的食物。经常更换内衣,避免搔抓皮肤,以免皮疹继发感染。

3. 手足口病

手足口病是由多种肠道病毒引起的常见急性传染病,大多数患儿症状轻微,以手、足、口腔等部位的皮疹、疱疹和全身发热为主要特征;少数患儿可并发无菌性脑膜炎、脑炎、急性弛缓性麻痹、呼吸道感染和心肌炎等;个别重症患儿病情进展快,可发生死亡。

措施：患儿病愈,并不得少于发病后 14 天,方可返园。易感人群需养成良好的个人卫生习惯,勤洗手,注意玩具和餐具的消毒是预防的关键。加强疫情监测,做到早发现、早诊断、早隔离、早治疗。

4. 疱疹性咽峡炎

疱疹性咽峡炎是由肠道病毒感染引起的急性传染性疾病。主要通过粪-口或呼吸道传播,春、秋季为该病的高发季节。该病为自限性疾病,潜伏期为 2～4 天,病程大概 4～6 天,偶尔有延长到 2 周者,同一患儿可重复发生该病。

临床有如下三种表现。(1)发热:患儿表现为低热或中等程度发热,偶尔也可高达 40℃ 以上,甚至引起惊厥,热程 2～4 天。(2)咽痛:年龄较大的患儿多表现为咽痛,咽痛严重者可影响吞咽。(3)其他不典型症状:婴幼儿主要表现为流涎、拒食、烦躁不安,有时伴头痛、腹痛或肌痛;5 岁以下小儿有 25% 可伴发呕吐。典型体征表现为咽部充血,病程 2 天内口腔黏膜出现少则 1～2 个,多则 10 余个较小的灰白色疱疹,周围绕以红晕,2～3 天红晕会加剧扩大,疱疹破溃形成黄色溃疡,多见于扁桃体前柱,也可以出现于软腭、悬雍垂、扁桃体上,但一般不会累及牙龈。

措施：(1)隔离患儿 7～10 天。(2)饮食清淡,不吃刺激性的食物,每日使用漱口水漱口。(3)发烧时给予物理降温,洗温水澡,体温 38.5℃ 以上使用退热药;(4)清洁消毒,开窗通风,用含氯消毒液擦洗物品和物体表面,餐具、水杯、毛巾等高温消毒。

5. 流行性腮腺炎

流行性腮腺炎是由腮腺炎病毒引起的儿童常见呼吸道传染病。潜伏期为 8～25 日,多数患儿无前驱症状,部分患儿可出现发热、头痛、恶心、呕吐、无力、食欲缺乏等前驱症状。腮腺肿大以耳垂为中心,向周围扩大肿胀,使下颌骨边缘不清,肿胀部位的皮肤发亮但不红,有轻度触痛,整个病程为 10～14 日。

措施：患儿腮腺肿大完全消退,并不得少于发病后 3 周,方可返园。应早发现并及时隔离,对患儿的口鼻咽部分泌物及其被污染的用品应煮沸或暴晒消毒,以切断传播途径。在腮腺肿胀完全消退后方可解除隔离,与患儿接触的易感儿应检疫 21 日。

6. 猩红热

猩红热是一种急性呼吸道传染病。发病后 1～2 日出疹,先见于耳后、颈部和上胸部皮肤,24 小时内蔓延至全身。皮疹为全身弥漫性充血的皮肤上广泛分布有均匀、密集、针尖大小的红色小丘疹,口周有苍白圈,舌部表现为白苔样覆盖物,舌乳头红肿,称为"草莓舌"。

措施: 患儿症状消失,并不得少于发病后 6 天的隔离期,方可返园。当患儿出现该类皮疹,第一时间送医就诊,确定是否为传染病。皮疹于 3~5 日后颜色转暗,继之按出疹顺序逐渐消退,2~3 日退尽。皮疹消退后开始脱皮,脱皮的程度与病情轻重成正比,轻者为糠屑样脱皮,常见于面部和躯干。重者为大片状脱皮,常见于手、脚掌等部位。

7. 诺如病毒感染

诺如病毒是引起儿童病毒性腹泻的主要病原,它通过污染水源、食物引起爆发性流行。潜伏期 1~2 天,病程 12~72 小时。感染率没有年龄和性别差异。起病急,首发症状多为阵发性腹痛、恶心、呕吐和腹泻,全身症状有畏寒、发热、头痛、乏力和肌痛等,可有呼吸道症状。儿童发病时呕吐多于腹泻,吐泻频繁者可发生脱水及酸中毒、低钾。

措施: (1)目前切断传播途径为主要的预防方法。(2)有效洗手,不接触污染的水和食物,可减少疾病的传播。(3)为减少食物引起的诺如病毒感染性疾病暴发频率,一定要注意食品卫生,尤其是避免生食海鲜。(4)要做好清洁消毒,开窗通风,用含氯消毒液擦洗物品和物体表面,餐具、水杯、毛巾等高温消毒。(5)对患儿用过的物品要消毒清洁,对患儿的呕吐物、排泄物,应用浸有消毒液的抹布盖住,30 分钟后再清除。

8. 流行性感冒

流行性感冒简称流感,是由流行性感冒病毒引起的急性呼吸道传染病,病毒种类每年都会发生变化。流感患者及隐性感染者为主要传染源。动物亦可能为重要贮存宿主和中间宿主。主要经空气中飞沫传播,也可通过接触被污染的手、日常用具等间接传播。人群对流感普遍易感。

措施: (1)在流感流行时,应尽可能隔离患者,加强环境消毒,减少公共集会及集体娱乐活动,以防止进一步扩散。(2)对易感人群及尚未发病者,亦可给予药物预防。(3)预防流感的基本措施是接种疫苗。应用与现行流行株一致的灭活流感疫苗接种,可获得 60%~90% 的保护效果。老年、儿童及易出现并发症的人,是流感疫苗的最适宜接种对象,但他们对疫苗的反应率较低,一般只能获得 50%~60% 的保护效果。流感疫苗有一定的全身和局部不良反应,接种后应注意观察和处理。(4)托幼机构应保持每日开窗通风,湿扫湿抹。

三、托育机构常见意外伤害的处理

1. 创伤的应急处理

● 问题一　幼儿擦伤了怎么办?

擦伤指伤口较浅,有少量渗血。在托育机构,孩子奔跑时、同伴推搡时摔倒都可能造成意外擦伤。幼儿遇到擦伤时,照护者应将其送到保健室,并配合保健医生进行处理。首先,根据伤情表面有无污物,可先用双氧水、生理盐水冲洗创面。其次,局部如使用了络合碘(碘伏)或其他外用消毒液,不必包扎。

● 问题二　幼儿裂伤了怎么办?

裂伤(及切割伤)是指伤口较深,有出血,严重时需缝合,常发生于幼儿户外意外撞击到有棱角的物件或幼儿使用剪刀等有利刃的物件时。一旦发生,照护者应迅速用清洁消毒过的纱布块盖压在伤口上止血,同时及时将受伤的幼儿送至保健室。严重时要用纱布压迫止血,注意末梢循环,包扎后送医院诊治。

● 问题三　幼儿刺伤了怎么办?

刺伤是指身体内有异物刺入造成的伤害,如竹木屑等。轻微刺伤而且异物有部分裸露在外时,照护者可以直接轻捏异物将其拔出。当刺入较深时,照护者应迅速将幼儿送到保健室,配合保健医生消毒伤口,拔除异物。

● 问题四　幼儿挫伤了怎么办?

挫伤(常见头部血肿)是指皮肤一般不显伤口,但皮肤易出现肿胀,且剧烈疼痛,伤处及周围可发青发紫,幼儿头部撞击是最常见的一种挫伤成因。幼儿挫伤时,照护者要迅速按压伤处,不要搓揉,同时迅速带幼儿到保健室进行冷敷,防止内出血。48小时后可以热敷,促使血液循环加速,加快肿胀消退,如有较大血肿,应到医院治疗。

● 问题五　幼儿扭伤了怎么办?

扭伤多发生在手腕、踝关节等部位,扭伤处皮肤青紫肿胀,局部压痛很明显,严重时受伤的关节不能转动。幼儿发生扭伤时,照护者要帮助并告诉幼儿限制受伤关节的活动。特别是踝关节扭伤后,应将小腿垫高后送保健室,配合保健医生对扭伤部位进行冷敷,48小时后用热敷,促使血液循环加速,加快肿胀消退。

2. 骨折及其应急处理

● 问题一　幼儿发生关节脱位怎么办?

关节脱位(脱臼)俗称脱环,发生在关节部位,骨与骨之间完全或部分脱离正常位不能转动。幼儿发生脱臼后,照护者不要随意牵拉已经脱臼的关节,要及时送保健室处置,配合保健医生先用绷带固定,保证骨节固定不动后送医院治疗。

● 问题二　幼儿发生骨折怎么办?

骨折是由于直接或间接强力作用,使骨全部或部分断裂。骨折端暴露在皮肤外的叫开放性骨折,皮肤未破裂的叫闭合性骨折。如果怀疑幼儿受伤有可能是骨折时,照护者应迅速报告保健医生,不要随便挪动、抱起孩子。待保健医生到达后,协助保健医生将骨折处固定,及时送医院治疗。肢体固定的规则:①固定范围应包括骨折上、下两个关节;②固定过程中应尽量减少肢体的活动;③对严重畸形的肢体,不应强行牵拉;④若骨折端突出伤口外,不能纳入伤口内,在固定前先用无菌纱布覆盖开放伤口。

3. 异物伤的急救

异物伤是异物进入耳、鼻、喉、气管造成的伤害,如鼻腔异物、眼异物、外耳道异物、咽部异物、气管异物等。常见异物有植物坚果类、笔帽、发卡、小球、硬币等,这些都有可能进入消化道或呼吸道而造成伤害。

● 问题一　异物入幼儿鼻怎么办?

幼儿如果把花生米、豆类等异物塞入鼻孔时,照护者应安抚幼儿,告诫幼儿不要用手去抠,同时迅速将幼儿送到保健室。针对幼儿年龄和能力差异,处理方法也不同:对年龄大、会合作的,可用手指按住没有异物的鼻孔,嘱其做擤鼻动作,或用棉花刺激鼻腔,使异物随喷嚏喷出,如无效立即送医院;对年龄小、不合作的幼儿应立即送医院处理。

● 问题二　异物入幼儿眼怎么办?

幼儿玩耍时,如有沙子、土屑及其他异物进入眼内,照护者一定要嘱咐幼儿切勿揉眼,并迅速将幼儿送到保健室,以免将角膜擦伤引起感染。随后配合保健医生翻开幼儿眼睑,滴眼药水或生理盐水将异物冲出,或用消毒棉球沾上生理盐水将异物拭走,处理无效时应立即送医院治疗。

● 问题三　异物入幼儿耳怎么办?

幼儿如果把花生米、黄豆等细小的东西塞入外耳道内,照护者要指导幼儿将头歪向异物侧抖动,让异物自行脱落。若取出困难,应立即送往医院。如果虫爬入耳道,可用手电筒照射诱其自动爬出。整个过程避免用硬物去挖,以免损伤鼓膜。

● 问题四　异物入幼儿气管怎么办?

因婴幼儿咀嚼功能未发育成熟,吞咽功能不完善,气管保护性反射不健全,同时幼儿具有好动、好奇的天性,常常会将食物或体型较小的异物吸入,如花生、糖果、小豆子等。当异物落入气管后,最突出的症状是剧烈的刺激性咳嗽,由于气管或支气管被异物部分阻塞或全部阻塞,出现气急、憋气,短时间内即可发生窒息死亡;如果发生异物吸入气管,照护者一边按以下操作步骤处理,一边拨打医院急救电话,并联系家长。

一岁以下婴儿:抱起婴儿,将婴儿的身体置于照护者一侧的前臂上,同时手掌将婴儿的后颈部固定,使其头部低于躯干。用另一手固定婴儿下颌角,使婴儿头部轻度后仰,打开气道。施救者采取坐或跪的姿势,使婴儿安全地俯卧在腿上,双手固定支撑婴儿的头部,避免挤压下颌软组织,另一只手的掌根在幼儿两肩胛骨连线中点处快速叩击五次,若幼儿异物未吐出,两手及前臂将婴儿固定,翻转为仰卧位,在两乳头连线下方水平给予胸部冲击按压,深度约为胸廓前后径的1/3,按压5次。反复背部叩击和胸部冲击直至异物吐出为止。

一岁以上幼儿:根据幼儿的身高,跪立于幼儿背后,两手臂环绕住幼儿腰腹部,使幼儿身体前倾。按压部位是腹部正中线肚脐上方两横指处,剑突下方。按压方法:一手握空心拳,拇指侧面紧抵按压部位,另一手包住拳头,按压深度为上腹部前后径1/3,按压速率约每秒一次,快速反复向内向上冲击幼儿上腹部5次,边冲击边看异物是否排除,如果梗阻未解除,继续交替进行5次背部叩击,需反复实施上述步骤直至异物排出。

4. 心肺复苏方法

(1)口对口呼吸法:将幼儿头后仰,一手托其下颌,使呼吸道通畅,注意防止舌后坠阻塞气管,另一手捏住幼儿鼻孔,在幼儿口上垫两层纱布,口对口吹气,吹气者的口紧贴幼儿的口,吹气频率为每分钟14～22次。注意吹气时宜轻,胸廓微微起伏即可。

(2)胸外心脏按压法:让幼儿仰卧,将一手掌根部放在幼儿胸骨中下段,适度用力,有节奏地压迫胸骨下半段及与其相连的肋软骨。每分钟60～100次,如效果不明显,可将速度减慢。在进行胸外挤压时,应防止用力过度或部位不正确而引起肋骨骨折、肝破裂或心包积血等。

人工呼吸应耐心,不可随意放弃抢救机会,在坚持人工呼吸及心脏按压的同时,必须联系急救站或急送附近医院进一步抢救。

第四节　卫生消毒

（一）制度管理

托幼机构应按照国家、省、市级的相关要求，并结合本单位实际情况建立各项规章制度，包括日常卫生管理制度、室内外环境卫生制度、消毒制度、健康检查制度、隔离制度、传染病报告和应急制度等，严格按照制度开展托幼机构内清洁及消毒工作，定期督查落实情况。

（二）人员职责

负责托幼机构卫生与消毒的保健人员，应定期接受卫生保健专业知识培训和继续教育，并负责对托幼机构内其他工作人员进行卫生知识宣传教育、卫生与消毒、传染病防治、传染病报告等方面指导和培训。

（三）布局设施

新（改、扩）建的托幼机构，在建筑布局上应充分考虑活动室、教室和寝室等场所的空气流通，必要时配置机械通风和空气净化设施。活动室、教室和寝室等场所应有纱窗和纱门防止苍蝇、蚊子等有害生物的设施。厨房应配有冷藏设备以及清洗、消毒设施，并按相关规范配置污水排放和垃圾存放的设施。

（四）饮水管理

第一，托幼机构提供的饮用水或饮水设施应符合国家相关标准要求。

第二，供应开水的，应每日对开水桶进行清洗消毒；供应桶装饮用水的，每次更换时应对饮水机内胆和管路进行清洗或消毒；供应直饮水的，按照厂家使用要求定期更换滤芯。

第三，各类饮水设施应在每学期开学前进行全面清洗消毒或按要求更换冲洗滤芯后方可投入使用。

（五）空气管理

第一，室内尽量保持空气流通，每日至少开窗通风2次，每次10～15分钟。

第二，不适宜开窗通风时，建议使用机械通风设施或可移动的空气净化消毒设施，按厂家说明书对室内空气进行处理。

第三，定期对空调和集中空调通风系统进行清洗。

第四,如使用紫外线灯进行空气消毒时,妥善管理好灯管开关,以免发生误照。

(六)日常清洁消毒要求

第一,日常清洁消毒管理应依照《托儿所幼儿园卫生保健工作规范》定期进行预防性消毒,传染病流行时,每日增加消毒次数。

第二,寝室床铺应保持干净卫生,被褥整洁。餐桌、床围栏、门把手、水龙头等物品表面应每天清洗消毒,地面湿式打扫,保持清洁。

第三,儿童接触的用具、玩具应每周至少清洁消毒一次,传染病流行时应每日清洁消毒一次。

第四,餐(饮)具和盛放直接入口食品的容器,应使用热力消毒等物理消毒方法,做到一人一用一消毒,严格执行一洗二清三消毒四保洁制度。消毒餐(饮)具应符合相关的要求。

第五,卫生间采用水冲式便池;便器每日消毒,接触皮肤部位发现污染要及时清洁消毒;肠道疾病患儿污染的环境和表面要及时消毒;卫生间的清洁用具应专用专放。

第六,应严格按照消毒产品说明书规定的使用范围和使用方法,并在产品有效期内使用;应妥善保存(管)消毒用品,并应明确标识,避免误食。保健人员手卫生推荐使用速干含醇类手消毒剂。

(七)托幼机构内出现疫情时的消毒

第一,发现传染病患者或已知有病原微生物污染时,应依据相关要求,在辖区疾病预防控制机构的指导下,做好随时消毒和终末消毒。

第二,消毒方法和范围应根据传染病病原体的特点开展,如呼吸道传染病应加强室内通风换气和空气消毒措施,肠道传染病应加强手卫生、饮食卫生和卫生间的消毒措施。

第五节 其他健康管理制度

(一)安全管理制度

第一,各项活动均要以儿童安全为前提,工作人员要做好进餐、睡眠、运动等各个生活环节的安全防护。建立安全排查制度,定期排查,落实预防婴幼儿伤害的各项措施。

第二,确保临近楼梯、窗户等区域无可攀爬的设施、设备。活动场的地面应平整、防滑,无障碍,无尖锐突出物,宜采用软质地坪。场地内无杂物、电线、玩具等可能绊倒、卡住或者被儿童误食的物品。墙角、窗台等锐角处应做成圆角,家具、玩具等选择圆角或使用保护垫。各种清洁、消毒等用品放置在婴幼儿触摸不到的地方,专门保管。

第三,制定重大自然灾害、食物中毒、践踏、火灾、暴力等突发事件的应急预案,一旦发生重大伤害时应当立即采取有效措施,并及时向上级有关部门报告。

第四,房屋、场地、家具、玩教具、用具、生活设施等应当符合国家相关安全标准和规定。建立大型游乐玩具的定期维修制度;避免触电、砸伤、摔伤、烫(烧)伤等事故的发生。每班有防烫伤饮水设施。

第五,药物必须妥善保管,吃药时要仔细核对,有毒药品要有专人管理,并严禁放在教室或婴幼儿可接触的地方。药物保管和服用应由保健人员负责。

第六,所有职工应当定期接受预防婴幼儿伤害相关知识和急救技能的培训,每个班至少有1名受过急救技能培训的照护人员在场。落实安全措施,消除安全隐患,预防儿童跌落、溺水、交通事故、烧(烫)伤、中毒、动物致伤等伤害的发生。

（二）健康教育制度

第一,托幼机构应当根据不同季节、疾病流行、儿童年龄阶段等情况,结合本机构实际,制订全年健康教育工作计划,建立健全健康教育制度,并组织实施。

第二,可以开展多种形式的健康教育活动,健康教育的内容包括回应性照护、膳食营养、生长发育、心理卫生、疾病预防、儿童安全,以及良好行为习惯的培养等;每半年至少对工作人员开展1次健康讲座,对家长举办1次家长讲座或家长开放日,做好健康教育记录。

第三,健康教育的形式包括举办健康教育课堂、发放健康教育资料、开办宣传专栏等,倡导应用互联网＋开展健康宣教;做好健康教育登记,定期评估健康教育效果。

第四,妇幼保健、基层医疗卫生服务机构等技术指导机构,应定期对托育机构工作人员和家长开展健康教育活动。

（三）家园共育制度

托幼机构应积极推进"家园共育",与儿童家庭建立良好的关系,保持有效的沟通与交流,争取家庭的理解和支持,使家庭积极主动地参与照护活动。指导和帮助家长提高在日常养育、游戏开展、亲子互动、体能训练、早期阅读等方面的能力，提升家庭科学育儿的水平。

传染病流行期间，加强对家长的防病宣传工作。儿童如无故缺席，要及时和家长联系，共同做好儿童保健工作。

（四）卫生保健工作登记及统计制度

第一，应对托幼机构各项卫生保健工作进行常规记录，并依托信息化平台，落实在园/在托儿童学籍档案、免疫接种、健康体检、膳食营养，员工管理、线上培训、健康教育、家园互动等信息的填报，做好托幼机构卫生保健数字化管理工作。

第二，卫生保健工作登记信息包括：晨午检和全日健康观察、奶类及预包装辅食接收、婴幼儿养育照护、儿童传染病、卫生消毒、意外伤害、健康教育等记录。

第三，健康档案应包括：工作人员健康检查记录、在园/在托儿童入托/园健康检查表、定期健康检查登记表、营养性疾病及视力不良等高危儿童专案管理记录、儿童转托/园健康表等。

第四，定期做好出勤、生长发育、膳食与营养、常见病、传染病等各项工作的统计分析和总结，掌握园内儿童健康状况及变化趋势。

第五，定期按要求填报《托幼机构卫生保健工作年报》，并逐级上报至辖区妇幼保健机构。

第七章 信息化服务指南

为促进婴幼儿照护服务高质量发展,规范托育机构信息化建设与应用,提高信息技术在托育机构的有效应用,托育机构应围绕"医、养、育"婴幼儿照护的核心任务,在卫生健康管理部门的统筹安排和指导下,从信息化建设、信息化应用和信息化管理三个方面,推动婴育数字化整体建设,从而提高托育照护服务质量,促进婴幼儿健康发展。

第一节 信息化建设

(一)网络条件

1. 基础性建设

(1)使用卫生健康部门统一提供的智慧托育系统,提高信息安全性,降低购置和维护成本。

(2)合理规划园内网络信息点分布,确保保育人员办公场所和幼儿所有活动场所实现有线网络全覆盖。

2. 发展性建设

(1)机构实现无线网络全覆盖。条件成熟的托育机构可建设5G托育专网试点取代无线网络,实现托育机构全覆盖,并通过5G认证确保所属5G终端可随时随地安全高效访问托育机构资源。

(2)根据管理的实际需要,应用5G、RF、蓝牙、二维码、传感器等信息传输、识别、采集技术,科学有序地推动托育机构物联网建设。

(二)硬件设施

1. 基础性建设

(1)在机构出入口、走廊、操场、食堂、幼儿活动室(卫生间、喂奶室除外)、晨检室(厅)、保健观察室、安保室等公共活动和集体活动区域安装安全防控设备,做好网络巡查,提高技术防范水平。

(2)配备便捷的门禁设备,自动记录婴幼儿来园、离园信息;配备智能化晨检设备,无感采集、自动记录、动态监测婴幼儿的身体健康状况。实现婴幼儿考勤和晨检数据实时记录与上传,实时预警,提高托育机构安全与卫生保健管理效率。

(3)配备相应标准和数量的台式电脑、笔记本电脑、移动终端、打印机、复印机、扫描仪、数码相机、高清摄像机、视频展示台等,满足保育人员信息化办公和照护服务工作的实际需要。

2. 发展性建设

(1)结合实际情况,在条件允许的情况下,扩大安全技术防范设施覆盖范围,可在婴幼儿室内外活动区域、服务管理用房安装紧急报警装置,可在变电、供水泵房等重要设备机房、财务出纳室、档案室等重要行政用房的出入口安装安全防控设备。

(2)可利用视频会议系统或第三方视频系统,通过配置电脑、摄像头、话筒等相应设备,保障托育机构多方会议及在线培训的进行。

(3)探索利用物联网设备,基于能自动化采集婴幼儿照护服务相关数据,观察分析婴幼儿在生活、运动、游戏、学习等各类活动中的发展情况。

(4)可探索利用物联网、人工智能等新技术,建设符合婴幼儿学习与发展特点,以及满足婴幼儿探索与体验需求的智慧活动环境,配备部分数字化玩教具,发展婴幼儿的探索和动手操作能力。

(5)积极研究探索支持婴幼儿发展的专用设备,实现硬件支持记录婴幼儿活动过程表现、反馈婴幼儿活动情况、保育人员及时调整活动方案的需求。

第二节 信息化应用

信息化应用包括托育机构管理、保育实施、卫生保健与家园社区四个方面。依托智慧托育平台所提供的各类应用服务,满足托育服务信息化应用需求。

(一)托育机构管理

充分运用"智慧托育"系统,实现托育机构信息公开、入园信息登记管理、在园婴幼儿信息管理、员工管理、保育管理等多方面的管理需求。

1. 基础性应用

(1) 使用"智慧托育"系统实现托育机构介绍、服务范围、招生收费等信息的网上公示,并定期更新,保障托育机构信息的公开透明。

(2) 按主管部门的管理要求,通过"智慧托育"系统进行入托信息登记和在线报名招生管理,并及时、准确上报托育机构信息、办园条件信息、在园婴幼儿及家庭信息,保证信息畅通,实现入托预约招生工作系统化、标准化。

(3) 根据"智慧托育"管理的相关要求,及时更新入托儿童信息、保育服务信息,保证信息的及时性与正确性。

2. 发展性应用

(1) 根据自身需求和实际情况,利用社交平台、社交软件等新媒体,进行托育机构信息公开。

(2) 运用"智慧托育"信息化平台、安全管理平台和财务平台,实现日常办公业务的规范化、精细化管理,包括托育机构绩效管理、玩教具管理、财务管理、资产管理、照护课程资源管理、婴幼儿一日生活管理、儿童发展科研管理、保育人员在线学习管理、托育机构安全管理等,逐步实现托育机构管理的数字化转型,保证信息流转通畅,以提升规范化管理水平和管理效率。

(3) 探索托育机构管理的信息化应用新模式,动态收集、汇总和分析办园条件、照护实施、婴幼儿发展等状况,对婴幼儿照护服务实现数字化质控,不断提升托育机构科学管理决策水平。

(二)照护实施

保育实施过程中,应利用"智慧托育"平台的支持作用,实现高效运用信息化协同作用,提升保育实施成效。

1. 基础性实施

(1) 利用"智慧托育"提供的线上婴幼儿成长记录、养育照护记录、一日活动与周计划等模板,高效记录婴幼儿成长的每一天,并进行综合分析,提升照护质量与效率。

(2) 重视提升照护者的信息技术应用能力,要求照护者能正确操作常用办公软件、应用多媒体软件处理媒体信息、制作基本的活动课件;用好"智慧托育"平台,发挥信息技术在婴幼儿照护实施中的成效。

(3) 充分利用线上培训平台开展保育员专业技能培训,利用互联网、大数据等信息技术了解培训需求、配备优质培训课程、创新培训模式方法、检测培训效果、优化在线培训设计等,充分发挥网络学习的作用,提升保育培训的质量与成效。同时,通过信息化手段实现教研、培训全程记录和学习文件自动归档。

2. 发展性实施

(1)依托"智慧托育"平台,进行创新应用,建设有特色的数字化照护服务模式,以"共建共享"模式丰富和优化"智慧托育"的各类资源,提升婴幼儿照护质量。

(2)采用适宜的信息化工具,实现照护服务全过程、无感式和伴随性的数据采集(如活动轨迹、活动时长、情绪情感、生活照护等),支持保育人员对婴幼儿照护服务与活动情况的观察与分析。

(3)借助物联网、大数据和人工智能等技术,在数据授权使用的前提下开展幼儿在认知、情感、态度和行为等多方面的发展研究,实现基于大数据的多维度综合性的智能化分析与评价,并根据评价结果为婴幼儿提供个性化保育方案。

(三)卫生保健

卫生保健工作应发挥"智慧托育"管理平台的数据管理功能,积极运用智能化设备完成婴幼儿出勤登记、每日晨检、全日健康观察、委托服药、膳食管理、卫生消毒、疾病预防控制等方面的工作,保障婴幼儿健康成长。

1. 基础性应用

(1)利用"智慧托育"平台的"出勤登记和因病缺课缺勤登记"功能,有效落实每日晨检与全日观察工作,并及时上报异常情况,确保带班保育师、保健医生、园长第一时间了解全班、全园婴幼儿的出勤情况与缺勤原因。

(2)根据婴幼儿卫生保健要求,借助"智慧托育"管理平台或第三方营养管理软件,制定带量食谱,自动进行膳食平衡调整和膳费等管理,每月根据婴幼儿出勤数据自动进行营养膳食分析,以便及时采取有效调整措施。

(3)运用信息化手段,科学分析在托婴幼儿健康数据,包括视力不良、营养性疾病和儿童发育不良等风险因素,并基于分析结果指导保健医生、班级保育师和家长合作共育。

2. 发展性应用

(1)探索应用智能化晨检设备、远程无感体温筛查和健康管理平台等信息化手段,实现婴幼儿晨检数据的自动采集与上传,保证数据的互联互通,提升托育机构晨检工作的效率和科学性,提升疾病防控的能力。

(2)根据传染病防控制度,探索建立托育机构传染病自动监测、预警系统,运用信息技术统计分析婴幼儿因病缺勤和疾病症状等信息,设定预警标准,实现托育机构传染病的早期发现和及时处置。

(3)根据卫生消毒工作要求规范,探索应用自动卫生消毒等系统,及时精准做好各场所、区域的消毒、记录和管理,优化卫生消毒的流程,实现卫生保健工作的精细化管理。

(4)利用信息化手段,联合医学专业人员,通过为有特殊照料需要的婴幼儿建立专项个人电子档案、定期在线会议等方式制订并实施个案矫治计划,形成跟踪矫治记录,实现婴幼儿健康的个性化信息化管理。

(四) 家园社区

有效运用"智慧托育"移动端,为婴幼儿家庭提供"入托一件事"。

1. 基础性建设

(1)应用"智慧托育"移动端、托育机构微信公众号等应用支持家长科学育儿,向家长传递实时的婴幼儿照护活动、科学的育儿理念和优质的养育照护小组活动,宣传防病和保健知识,指导防病和保健方法。

(2)通过"智慧托育"移动端展示托育机构详情、入托情况和预约报名,通过微信公众号实现家园联系、合作共育,及时、有效地与家长交流婴幼儿在园活动内容及健康、情绪、行为等状况,主动向家长了解婴幼儿在家的多方面表现,实现家园信息互通和深度合作。

(3)利用在线调研问卷等信息化手段,定期征求家长和社区的意见和建议,根据调研结果做相应的改进和完善。

2. 发展性建设

(1)基于"智慧托育"平台,创新拓展应用场景,引导家长参与线上育儿交流和协作,共同收集婴幼儿成长信息,建立富有个性的婴幼儿电子成长档案,呈现婴幼儿成长的发展历程、发展水平和发展特点,减轻保育师家园沟通的负担,提升家园合作效率。在家园共同关注幼儿成长的过程中,协同商议支持策略,支持幼儿个性化发展。

(2)利用第三方直播系统和视频会议系统等,开展多种形式的专题讲座、小组互动、班级活动等各类家长沙龙,提高家长参与育儿培训的便捷度。利用信息技术,构建家长参与托育机构照护服务与管理的统筹协调机制,提高家园双向互动效率。

第三节 信 息 管 理

（一）制度与机制

第一,将托育服务信息化工作纳入托育机构发展规划,将信息化工作经费纳入年度预算。

第二,建立健全信息化安全管理制度,成立信息化与网络安全工作小组,贯彻信息化安全园长责任制,切实落实责任,做到领导到位、责任到位、措施到位。

第三,建立健全信息化运行维护管理制度,定期开展对相关信息系统和设备的安全检查、评估和加固工作,确保托育机构信息化系统和设备安全、正常运行。

第四,完善针对信息安全重大事件的应急处置机制。制定应急预案和操作指南,定期开展应急演练,做好应急处置的各项准备工作。

（二）人员配备

第一,应设有信息管理人员岗位,配备专（兼）职人员负责托育机构信息化工作管理与执行。

第二,信息化专（兼）职人员应参加行政管理部门统一组织的岗前培训。每年至少参加一次行业管理部门的信息技术能力和信息安全培训。

第三,建立保育人员信息技术应用的培训机制,制定培训计划和方案,提供符合本园保育人员发展需求的信息技术培训资源,每学期至少开展一次园内信息技术应用能力培训,帮助保育人员解决在信息技术运用中遇到的实际问题,提高保育人员信息素养,并有效应用信息技术开展保育工作。

（三）数据安全

要高度重视在园幼儿、家长和保育人员等个人信息数据的安全管理,建立数据采集与应用的管理制度,确保相关数据采集与应用规范合理。

如需自建信息化系统或购买信息化服务,应选择安全资质高的第三方技术单位参与信息系统建设或提供信息化载体,并加强对信息系统建设的安全监管,按要求与承建单位签订数据安全保密协议。各级各类托育机构及其工作人员(含第三方技术单位)不得泄露、出售或者非法向他人提供履行职责过程中知悉的个人信息、隐私和商业秘密等数据。

附录一　婴幼儿照护相关政策文件目录

1. 国务院办公厅《国务院办公厅关于促进 3 岁以下婴幼儿照护服务发展的指导意见》(国办发〔2019〕15 号)

2. 国家卫生健康委员会《托育机构设置标准(试行)》(国卫人口发〔2019〕58 号)

3. 国家卫生健康委员会《托育机构管理规范(试行)》(国卫人口发〔2019〕58 号)

4. 国家卫生健康委员会《关于做好托育机构卫生评价工作的通知》(国卫办妇幼发〔2022〕11 号)

5. 国家卫生健康委员会《托育机构质量评估标准》(WS/T 821－2023)

6. 中华人民共和国国家卫生和计划生育委员会《0 岁～6 岁儿童发育行为评估量表》(WS/T 580－2017)

7. 中华人民共和国卫生部《托儿所幼儿园卫生保健工作规范》(卫妇社发〔2012〕35 号)

8. 国家卫生健康委员会《关于印发托育机构保育指导大纲(试行)的通知》(国卫人口发〔2021〕2 号)

9. 中华人民共和国卫生部,中华人民共和国教育部《托儿所幼儿园卫生保健管理办法》(卫生部 教育部令第 76 号)

10. 中国营养学会《中国居民膳食指南(2022)》

11. 中国营养学会《中国居民膳食营养素参考摄入量(2023 版)》

12. 国家卫生健康委员会《3 岁以下婴幼儿健康养育照护指南(试行)》(国卫办妇幼函〔2022〕409 号)

13. 中华人民共和国住房和城乡建设部《托儿所、幼儿园建筑设计规范》(JGJ39－2016)

14. 浙江省卫生健康委《浙江省托育机构 3 岁以下婴幼儿照护指南(试行)》(浙卫发〔2019〕65 号)

附录二　2~3岁幼儿体格生长标准

一、2~3岁幼儿身高标准

1. 24~36月龄男孩身长(高)

附表1　2~3岁男孩月龄别身长(高)标准(cm)(均数±标准差)

月龄	男童						
	−3SD	−2SD	−1SD	均值	1SD	2SD	3SD
24	78.7	81.7	84.8	87.8	90.9	93.9	97.0
25	78.6	81.7	84.9	88.0	91.1	94.2	97.3
26	79.3	82.5	85.6	88.8	92.0	95.2	98.3
27	79.9	83.1	86.4	89.6	92.9	96.1	99.3
28	80.5	83.8	87.1	90.4	93.7	97.0	100.3
29	81.1	84.5	87.8	91.2	94.5	97.9	101.2
30	81.7	85.1	88.5	91.9	95.3	98.7	102.1
31	82.3	85.7	89.2	92.7	96.1	99.6	103.0
32	82.8	86.4	89.9	93.4	96.9	100.4	103.9
33	83.4	86.9	90.5	94.1	97.6	101.2	104.8
34	83.9	87.5	91.1	94.8	98.4	102.0	105.6
35	84.4	88.1	91.8	95.4	99.1	102.7	106.4
36	85.0	88.7	92.4	96.1	99.8	103.5	107.2

2. 24～36月龄女孩身长(高)

附表2　2～3岁女孩月龄别身长(高)标准(cm)(均数±标准差)

月龄	女童						
	-3SD	-2SD	-1SD	均值	1SD	2SD	3SD
24	76.7	80.0	83.2	86.4	89.6	92.9	96.1
25	76.8	80.0	83.3	86.6	89.9	93.1	96.4
26	77.5	80.8	84.1	87.4	90.8	94.1	97.4
27	78.1	81.5	84.9	88.3	91.7	95.0	98.4
28	78.8	82.2	85.7	89.1	92.5	96.0	99.4
29	79.5	82.9	86.4	89.9	93.4	96.9	100.3
30	80.1	83.6	87.1	90.7	94.2	97.7	101.3
31	80.7	84.3	87.9	91.4	95.0	98.6	102.2
32	81.3	84.9	88.6	92.2	95.8	99.4	103.1
33	81.9	85.6	89.3	92.9	96.6	100.3	103.9
34	82.5	86.2	89.9	93.6	97.4	101.1	104.8
35	83.1	86.8	90.6	94.4	98.1	101.9	105.6
36	83.6	87.4	91.2	95.1	98.9	102.7	106.5

二、2~3岁幼儿体重标准

1. 24~36月龄男孩体重

附表3　2～3岁男孩月龄别体重表(kg)(均数±标准差)

月龄	男童						
	-3SD	-2SD	-1SD	均值	1SD	2SD	3SD
24	8.6	9.7	10.8	12.2	13.6	15.3	17.1
25	8.8	9.8	11.0	12.4	13.9	15.5	17.5
26	8.9	10.0	11.2	12.5	14.1	15.8	17.8

月龄	男　童						
	−3SD	−2SD	−1SD	均值	1SD	2SD	3SD
27	9.0	10.1	11.3	12.7	14.3	16.1	18.1
28	9.1	10.2	11.5	12.9	14.5	16.3	18.4
29	9.2	10.4	11.7	13.1	14.8	16.6	18.7
30	9.4	10.5	11.8	13.3	15.0	16.9	19.0
31	9.5	10.7	12.0	13.5	15.2	17.1	19.3
32	9.6	10.8	12.1	13.7	15.4	17.4	19.6
33	9.7	10.9	12.3	13.8	15.6	17.6	19.9
34	9.8	11.0	12.4	14.0	15.8	17.8	20.2
35	9.9	11.2	12.6	14.2	16.0	18.1	20.4
36	10.0	11.3	12.7	14.3	16.2	18.3	20.7

2. 24~36月龄女孩体重

附表4　2～3岁女孩月龄别体重表（kg）（均数±标准差）

月龄	女　童						
	−3SD	−2SD	−1SD	均值	1SD	2SD	3SD
24	8.1	9.0	10.2	11.5	13.0	14.8	17.0
25	8.2	9.2	10.3	11.7	13.3	15.1	17.3
26	8.4	9.4	10.5	11.9	13.5	15.4	17.7
27	8.5	9.5	10.7	12.1	13.7	15.7	18.0
28	8.6	9.7	10.9	12.3	14.0	16.0	18.3
29	8.8	9.8	11.1	12.5	14.2	16.2	18.7
30	8.9	10.0	11.2	12.7	14.4	16.5	19.0
31	9.0	10.1	11.4	12.9	14.7	16.8	19.3
32	9.1	10.3	11.6	13.1	14.9	17.1	19.6

续　表

月龄	女　童						
	−3SD	−2SD	−1SD	均值	1SD	2SD	3SD
33	9.3	10.4	11.7	13.3	15.1	17.3	20.0
34	9.4	10.5	11.9	13.5	15.4	17.6	20.3
35	9.5	10.7	12.0	13.7	15.6	17.9	20.6
36	9.6	10.8	12.2	13.9	15.8	18.1	20.9

三、2~3岁幼儿 BMI 标准

1. 24~36 月龄男孩 BMI

附表5　2~3岁男孩 BMI(均数±标准差)

月龄	男　童						
	−3SD	−2SD	−1SD	均值	1SD	2SD	3SD
24	12.7	13.6	14.6	15.7	17.0	18.5	20.3
25	12.8	13.8	14.8	16.0	17.3	18.8	20.5
26	12.8	13.7	14.8	15.9	17.3	18.8	20.5
27	12.7	13.7	14.7	15.9	17.2	18.7	20.4
28	12.7	13.6	14.7	15.9	17.2	18.7	20.4
29	12.7	13.6	14.7	15.8	17.1	18.6	20.3
30	12.6	13.6	14.6	15.8	17.1	18.6	20.2
31	12.6	13.5	14.6	15.8	17.1	18.5	20.2
32	12.5	13.5	14.6	15.7	17.0	18.5	20.1
33	12.5	13.5	14.5	15.7	17.0	18.5	20.1
34	12.5	13.4	14.5	15.7	17.0	18.4	20.0
35	12.4	13.4	14.5	15.6	16.9	18.4	20.0
36	12.4	13.4	14.4	15.6	16.9	18.4	20.0

2. 24~36月龄女孩BMI

附表6　2～3岁女孩BMI(均数±标准差)

月龄	女　童						
	−3SD	−2SD	−1SD	均值	1SD	2SD	3SD
24	12.4	13.3	14.4	15.7	17.1	18.7	20.6
25	12.4	13.3	14.4	15.7	17.1	18.7	20.6
26	12.3	13.3	14.4	15.6	17.0	18.7	20.6
27	12.3	13.3	14.4	15.6	17.0	18.6	20.5
28	12.3	13.3	14.3	15.6	17.0	18.6	20.5
29	12.3	13.2	14.3	15.6	17.0	18.6	20.4
30	12.3	13.2	14.3	15.5	16.9	18.5	20.4
31	12.2	13.2	14.3	15.5	16.9	18.5	20.4
32	12.2	13.2	14.3	15.5	16.9	18.5	20.4
33	12.2	13.1	14.2	15.5	16.9	18.5	20.3
34	12.2	13.1	14.2	15.4	16.8	18.5	20.3
35	12.1	13.1	14.2	15.4	16.8	18.4	20.3
36	12.1	13.1	14.2	15.4	16.8	18.4	20.3

四、2~3岁幼儿头围标准

1. 24~36月龄男孩头围

附表7　2～3岁男孩头围(cm)(均数±标准差)

月龄	男　童						
	−3SD	−2SD	−1SD	均值	1SD	2SD	3SD
2.0岁～	44.5	45.9	47.3	48.7	50.1	51.5	52.9
2.5岁～	45.4	46.7	48.0	49.3	50.6	51.9	53.2
3.0岁～	45.9	47.2	48.5	49.8	51.1	52.4	53.7

2. 24~36月龄女孩头围

附表8　2～3岁女孩头围(cm)(均数±标准差)

月龄	女　童						
	－3SD	－2SD	－1SD	均值	1SD	2SD	3SD
2.0岁～	43.4	44.8	46.2	47.6	49.0	50.4	51.8
2.5岁～	44.4	45.7	47.0	48.3	49.6	50.9	52.2
3.0岁～	44.9	46.2	47.5	48.8	50.1	51.4	52.7

图书在版编目（CIP）数据

托育机构婴幼儿照护操作指导. 2-3 岁/吕兰秋,吴
美蓉主编.--上海：复旦大学出版社,2024.8
ISBN 978-7-309-17564-6

Ⅰ. TS976.31

中国国家版本馆 CIP 数据核字第 2024X4N626 号

托育机构婴幼儿照护操作指导（2~3 岁）
吕兰秋　吴美蓉　主编
责任编辑/夏梦雪

复旦大学出版社有限公司出版发行
上海市国权路 579 号　邮编：200433
网址：fupnet@ fudanpress.com　http://www.fudanpress.com
门市零售：86-21-65102580　团体订购：86-21-65104505
出版部电话：86-21-65642845
上海盛通时代印刷有限公司

开本 787 毫米×1092 毫米　1/16　印张 9.5　字数 165 千字
2024 年 8 月第 1 版第 1 次印刷

ISBN 978-7-309-17564-6/G·2616
定价：49.00 元